高 等 教 育 教 材

仪器分析实验

张晓明　主编

赵成国　孟凡欣　副主编

化学工业出版社

·北京·

内容简介

《仪器分析实验》定位于应用型本科的培养层次，针对该层次学生的特点，突出基础知识、基本操作技能和实践应用能力的培养，力求实用、适用、够用、简明、精练，加强实用性和实践性。全书分为 11 章，第 1 章是仪器分析实验室基础知识，第 2 至 11 章分别介绍气相色谱法、高效液相色谱法、原子发射光谱法、原子吸收光谱法、紫外-可见光谱法、红外吸收光谱法、分子荧光光谱法、热分析、电化学分析、质谱及色质联用分析 10 大类仪器 40 个实验，除第 1 章外，其余每章都包括基本原理、主要仪器和典型实验三大主题内容。在基本原理中介绍了各类分析方法的基本原理；在主要仪器中介绍了相关仪器详细的使用说明和操作注意事项等，突出其实用性和实践性，以便读者参考；在典型实验中设置了实用性较强的实验项目。

本书可作为应用型本科院校化学、药学、食品、环境、能源、化工、材料类等专业本科生的仪器分析实验教材，也可作为相关领域技术人员的参考书。

图书在版编目（CIP）数据

仪器分析实验 / 张晓明主编；赵成国，孟凡欣副主编 . -- 北京：化学工业出版社，2025. 1. --（高等教育教材）. -- ISBN 978-7-122-46741-6

Ⅰ . O657-33

中国国家版本馆 CIP 数据核字第 20242GL306 号

责任编辑：吴　刚　　　　　　　　文字编辑：毕梅芳　师明远
责任校对：王鹏飞　　　　　　　　装帧设计：关　飞

出版发行：化学工业出版社
　　　　　（北京市东城区青年湖南街 13 号　邮政编码 100011）
印　　装：河北延风印务有限公司
710mm×1000mm　1/16　印张 12¼　字数 223 千字
2025 年 2 月北京第 1 版第 1 次印刷

购书咨询：010-64518888　　　　　　售后服务：010-64518899
网　　址：http://www.cip.com.cn
凡购买本书，如有缺损质量问题，本社销售中心负责调换。

定　　价：49. 80 元　　　　　　　　版权所有　违者必究

《仪器分析实验》编写组

主　　编：张晓明

副 主 编：赵成国　　孟凡欣

编写人员：张晓明　　赵成国　　孟凡欣　　张　乔

　　　　　陈奇丹　　唐秀平　　蔡德玲　　王　静

　　　　　侯　雨　　秦　苏　　李　静

审　　阅：周长忍

前言

　　仪器分析是利用特殊的仪器设备，以测量物质的物理及物理化学性质为基础而建立起来的现代分析测试方法，它可以对物质进行定性、定量分析以及结构解析、形态分析等。随着科技的发展，新仪器技术不断出现，仪器分析实验已经成为现代基础化学实验的重要内容，其实验技术已经成为相关专业人员必备的基本技能。仪器分析课程是化学、药学、食品、能源、环境、材料、化工等学科必修的专业基础课，是一门实践性和实用性极强的理工科课程，仪器分析实验作为仪器分析理论课程的实践教学环节，应该紧密结合理论教学，并通过实验操作加深对理论知识的理解，使学生熟练掌握各类分析仪器的操作和分析方法，并能够解决实际问题。

　　仪器分析课程目前仍旧存在一些问题，如课程知识体系复杂而学时有限、理论课程过于抽象而常与实验课程脱节，传统的仪器分析实验教材中的实验项目过于陈旧、无法与时代接轨，学生使用分析仪器解决实际问题的能力较差，难以适应现代分析测试的需求。基于以上问题，本书定位在应用型本科的培养层次，针对该层次学生的特点，由多位从事仪器分析理论与实验教学的教师在结合多年教学经验的基础上编写而成。结合应用型人才培养的目标，针对毕业生在实习就业工作中的实际需求，整合理论教学与实验教学的内容，将基本原理与典型实验相结合。突出了实用性和操作性，做到理论与实践结合，使学生在掌握仪器分析的方法、原理及应用的基础上学会面对实际情况时如何正确选择分析方法及仪器，提高解决实际问题的能力。使学生具备使用大型分析仪器设备进行准确快速检测的能力，为学生的实习就业打好基础，以适应社会对应用型人才的需求。

参与本书各章实验及仪器部分的编写人员为：张晓明（第1、2、6、7章），王静（第3章），孟凡欣（第4章），赵成国和张乔（第5章），陈奇丹（第8章），唐秀萍、侯雨（第9章），秦苏（第10章），蔡德玲（第11章）。全书各章的基本原理由张晓明编写，最后全书由张晓明统一整理、补充修改和定稿，由李静负责图表绘制和文字、数据等校核工作。

周长忍教授对全书进行了审阅，并提出了宝贵的意见和建议，特此致以衷心的感谢。

由于编者水平有限，书中如有疏漏之处敬请专家和读者批评指正。

编者

2024 年 2 月

目录

第 1 章
实验室基础知识 / 001

第 2 章
气相色谱实验 / 009

第 3 章

高效液相色谱实验 / 033

第 4 章

原子发射光谱实验 / 050

第 5 章
原子吸收光谱实验 / 059

第 6 章
紫外-可见光谱实验 / 078

第 7 章
红外吸收光谱实验 / 097

第 8 章
分子荧光光谱实验 / 116

第 9 章
热分析实验 / 133

第 10 章
电化学分析实验 / 145

第 11 章
质谱及色质联用实验 / 160

第1章
实验室基础知识

1.1 仪器分析实验的基本要求

仪器分析实验是学生在老师的指导下独立动手操作仪器的一种科学实践活动，通过操作仪器使学生学会仪器的使用，巩固仪器分析课程所学理论，能够根据实际情况灵活应用于实际分析检测工作中。大型仪器设备普遍价格昂贵，操作流程较为复杂，这对学生的实验操作提出了较高的要求：

① 课前认真预习，完成实验预习报告，阅读实验内容和实验说明，弄清楚实验方法、原理和步骤，了解仪器使用注意事项，以便更好地完成实验；

② 实验过程中，须严格按照操作规程进行操作，按照教师要求进行参数设置，不得随意、擅自修改或调节设备参数，以免导致数据偏差或仪器损坏；

③ 需准确记录测试条件、仪器状态和测试结果，认真记录实验条件和实验测得的原始数据，不得随意修改，需坚持严谨的科学实验精神。如发现测试的数据有问题，需加注说明，找出问题所在，并保留原始数据，测得数据不得随意修改或删除。如需重做需与指导教师沟通，讨论原因后方可进行；

④ 认真完成实验报告。实验报告是对实验过程的总结、整理和归纳，也是实验内容的一部分。实验报告应做到数据真实有效，内容简明扼要，思路清晰，书写工整，数据规范、图表完整，用列表的方式记录和处理实验数据，并绘制或打印图、表、图谱等，利用所学理论知识对实验结果进行认真的分析与讨论，完成课后思考题。

具体实验报告内容一般需包含以下几个部分：

(1) 实验目的
结合教材，明确学习目的。

(2) 实验原理
用自己的语言简练概括相关原理。

(3) 仪器与试剂
列明实验所需仪器设备名称、耗材、药品和试剂等。

(4) 实验步骤
须有完整的仪器操作流程（开机—参数设置—分析检测—关机）。
还应包括样品的前处理过程或溶液配制过程等。

(5) 数据记录与处理
列表格记录和处理数据，绘制或打印谱图（按需）。

(6) 结果与讨论

对实验的总结、实验结果的评价、实验中遇到的问题及处理等。

(7) 注意事项

总结实验过程中需注意的问题。

(8) 思考题

其中（1）～（4）需在实验前预习阶段完成，（5）～（8）在实验结束后完成。

1.2 仪器分析实验的注意事项

① 遵守课堂纪律，不迟到，不早退，不旷课，不得随意调串课。实验结束后需经老师允许方可离开实验室。

② 养成严谨的科学实验态度。所有原始数据需详细、及时、准确地记录在实验报告本上，不得随意记录在草稿本或小纸片上，不能随意删改，如做错需重做，做了几组实验便记录几组数据，整个实验报告需真实记录实验全过程所有数据，而不是择优记录。

③ 爱护仪器设备，切勿在未经允许和不了解操作规程的条件下随意操作仪器，实验过程中如出现问题需及时请教老师，禁止擅自调节仪器参数设置，禁止随意调整仪器设备，以防损坏仪器设备。

④ 实验过程中需保持安静，禁止大声喧哗，不做与实验无关的事情，如需讨论问题应小声交流，不许擅自离开实验室，未经教师允许，不得随意进入与本实验无关的其他实验室。

⑤ 注意保持实验室整洁，废纸屑等生活垃圾可直接倒入垃圾桶，实验废渣和废液需回收到指定废弃物回收容器中。不得随意处置。

⑥ 实验过程中仪器、试剂、工具、耗材等需摆放整齐，有条理地进行实验，实验结束后清理并摆放整齐，放回原处，并清理实验台。

⑦ 实验完成后，每位同学均需填写仪器使用记录。

⑧ 值日生需摆好实验桌椅，再次检查清理实验台，检查仪器设备、水、电、门窗等是否关闭，填写实验室值日生记录，经老师允许，方可离开实验室。

1.3 仪器分析实验室常识与安全

1.3.1 实验室用水

仪器分析实验需使用不同规格的纯水，由于实验目的不同对水质各有一定的要求，如仪器的洗涤、溶液的配制，不同的仪器测试方法对水质的要求会有所不同。天然水中常常溶有钠、钙、镁的碳酸盐和硫酸盐，以及沙土、氯化物、某些气体、有机物等杂质和一些微生物，这样的水不符合实验要求。因此需要把水提纯，根据国家标准《分析实验室用水规格和试验方法》（GB/T 6682—2008）的规定，可分为以下三类：

① 三级水：一般用于化学分析实验。

② 二级水：一般用于无机物的痕量分析实验，如原子吸收光谱等。

③ 一级水：一般用于有严格要求的分析实验，如对颗粒有要求的高效液相色谱等。

实验室常见的制水方法有以下几种：

(1) 蒸馏水（distilled water）

实验室最常用的一种纯水，蒸馏水有较高的有机物和细菌污染水平，储存后细菌易繁殖，因此储存容器的材质也很讲究，若是非惰性的物质，离子和容器的塑性物质会析出造成二次污染。蒸馏水能满足多种一般实验需求，如清洗、制备和稀释样品、制备分析标准样等。

(2) 去离子水（deionized water）

去离子水是以自来水为原水，应用离子交换树脂去除水中的阴离子和阳离子，制得的水的纯度比蒸馏水高，质量可达到二级或一级水的指标，被实验室广泛使用，但水中仍然存在少量可溶性的有机物和非离子物质。

(3) 反渗水（reverse osmosis water）

其生成的原理是水分子在压力的作用下，通过反渗透膜而成为纯水，水中的杂质被反渗透膜截留排出。反渗水克服了蒸馏水和去离子水的许多缺点，利用反渗透技术可以有效地去除水中的溶解盐、胶体、细菌、病毒、细菌内毒素和大部分有机物等杂质，但不同厂家生产的反渗透膜对反渗水的质量影响很大。

(4) 超纯水（ultra-pure grade water）

这种级别的纯水在电阻率、有机物含量、颗粒、细菌等方面含量接近理论上的纯度极限。通过离子交换、RO反渗透膜或蒸馏手段预纯化，再经过核子级离子交换树脂精纯化可得到超纯水。其电阻率为 18.2 m$\Omega \cdot$cm，TOC 小于 10×10^{-9} μg/mL，滤除了 0.1 μm 甚至更小的颗粒，细菌含量低于 1 CFU$\cdot$mL^{-1}。超纯水适用于精密分析仪器，如高效液相色谱（HPLC）、离子色谱（IC）、等离子体质谱（ICP-MS）等。

1.3.2　常用试剂

在分析实验中，试剂的纯度对分析结果的影响非常大，不同的分析工作对试剂纯度的要求也不同。按照中华人民共和国国家标准和原化工部部颁标准，采用优级纯、分析纯、化学纯三个级别表示的化学试剂，共计 225 种。这 225 种化学试剂以标准的形式，规定了我国的化学试剂含量的基础。其他化学品的含量测定都以此为基准，通过测定来确定其含量。因此，正确地选择试剂的类别十分重要。按试剂的质量级别对其分类如下：

优级纯（GR，绿标签）：属于一级品，主成分含量很高、纯度很高，适用于精确分析和研究工作，有的可作为基准物质。

分析纯（AR，红标签）：属于二级品，主成分含量很高、纯度较高，干扰杂质很低，适用于工业分析及化学实验。相当于国外的 ACS 级（美国化学协会标准）。

化学纯（CP，蓝标签）：属于三级品，主成分含量高、纯度较高，存在干扰杂质，适用于化学实验和合成制备。

实验纯（LR，黄标签）：属于四级品，主成分含量高、纯度较差，杂质含量不做选择，只适用于一般化学实验和合成制备。

此外，还有专门用途的试剂。其中，光谱纯试剂是用于光谱分析中的标准试剂，其主要成分纯度为 99.99%。以光谱分析时出现的干扰谱线强度大小来衡量，杂质含量低于光谱分析法的检出限。色谱纯试剂是在进行色谱分析时使用的标准试剂，其主要成分纯度为 99.99%。主要用作气相色谱分析（GC）和高效液相色谱分析（HPLC）等的专用标准物质。色谱纯试剂在色谱条件下只出现指定化合物的峰，而不出现杂质峰。指示剂和染色剂（ID 或 SR，紫标签），要求有特有的灵敏度。指定级（ZD），按照用户要求的质量控制指标，为特定用户定做的化学试剂。电子纯（MOS），适用于电子产品生产中，电性杂质含量极低。当量试剂（3N、4N、5N）：主成分含量分别为 99.9%、99.99%、99.999% 以上。

1.3.3　高压气体

仪器分析实验室常常用到高压气体，如氮气、氩气、氢气、氧气、乙炔等，无论是否易燃易爆，均需要注意安全，掌握其操作规程和注意事项。

（1）高压气瓶使用规程

① 禁止敲击、碰撞；气瓶应可靠地固定在支架上，以防滑倒。

② 开启高压气瓶时，操作者必须站在气瓶出气口的侧面，气瓶应直立，然后缓缓旋开瓶阀。气体必须经减压阀减压，不得直接放气。

③ 高压气瓶上选用的减压阀要专用，安装时螺扣要上紧。

④ 开关高压气瓶瓶阀时，应用手或专门扳手，不得随便使用凿子、钳子等工具硬扳，以防损坏瓶阀。

⑤ 氧气瓶及其专用工具严禁与油类接触，氧气瓶附近也不得有油类存在，操作者必须将手洗干净，不能穿戴沾有油脂或油污的工作服、手套及用油手操作，以防氧气冲出后发生燃烧甚至爆炸。

⑥ 氧气瓶、可燃性气瓶与明火距离应不小于 10 m；有困难时，应有可靠的隔热防护措施，但不得小于 5 m。

⑦ 高压气瓶应避免曝晒及强烈振动，远离火源。

⑧ 使用装有易燃、易爆、有毒气体的气瓶的工作地点，应保证良好的通风换气。

⑨ 气瓶内气体不能全部用尽，剩余残压（余压）一般应为 0.2 MPa 左右，不得少于 0.05 MPa。

⑩ 各类气瓶必须定期检定，充装一般气体的钢瓶每 3 年检定一次，充装腐蚀性气体的气瓶每 2 年检定一次，充装剧毒或高毒介质的气瓶在定期检定的同时，必须进行气密性试验。

（2）气体钢瓶的搬运、存放和充装

① 在搬运与存放时，气瓶上的安全帽应旋紧；气瓶上应装好两个防震胶圈。

② 气瓶装在车上应妥善加以固定。车辆装运气瓶一般应横向放置，头部朝向一方，装车高度不得超过车厢高度。装卸时禁止采用抛、滑或其他容易引起碰击的方式。

③ 装运气瓶的车辆应有明显的"危险品"标志。车上严禁烟火。易燃品、油脂和带有油污的物品，不得与氧气瓶或强氧化剂气瓶同车运输。所装介质相互接触后能引起爆炸、燃烧的气瓶不得同车运输。

④ 气瓶应存放在阴凉、干燥、远离火源（如阳光、暖气、炉火等）的地方。

⑤ 充装有毒气体的气瓶，或充装有介质互相接触后能引起燃烧、爆炸的气瓶，必须分室储存。

⑥ 充装有易于起聚合反应的气体气瓶，如乙炔、乙烯等，必须规定储存期限。

⑦ 气瓶与其他危险化学品不得任意混放。

⑧ 气瓶瓶体有缺陷不能保证安全使用的，或安全附件不全、损坏或不符合规定的，均不应送交气体制造厂充装气体。

(3) 几种常见压缩可燃气和助燃气的特殊性质和安全处理

1) 乙炔

乙炔的处理是将颗粒活性炭、木炭、石棉或硅藻土等多孔性物质填充在气瓶内，再将丙酮掺入，通入乙炔使之溶解于丙酮中，直至 15 ℃时压力达 15.5 kgf·cm^{-2}（1 kgf·cm^{-2}=98.0665 kPa）。在乙炔站充灌乙炔瓶，当瓶压力达到 23 kgf·cm^{-2} 时，往往因容器密封不良会喷出气体。此时，操作人员应采取措施制止气体喷出。由于衣服和人体摩擦会产生静电，当手伸到容器附近时，会产生放电火花，引起爆炸事故。

乙炔是极易燃烧、容易爆炸的气体。含有 7%～13%（指体积分数，下同）乙炔的乙炔-空气混合气和含有大约 30%乙炔的乙炔-氧气混合气易爆炸。在未经净化的乙炔内可能含有 0.03%～1.8%的磷化氢。磷化氢的自燃点很低，气态磷化氢（PH_3）在 100 ℃时会自燃，而液态磷化氢（P_2H_4）甚至在稍低于 100 ℃的温度下也会自燃。因此，当乙炔中含有空气时，有磷化氢存在时可能形成乙炔-空气混合气而爆炸起火。一般规定乙炔中磷化氢含量不得超过 0.2%，而乙炔含量应在 98%以上，硫化氢含量应小于 0.1%。空气能大幅增加乙炔的爆炸性，应尽量减少其含量。乙炔和铜、银、汞等金属或其盐类接触，会生成乙炔铜（Cu_2C_2）和乙炔银（Ag_2C_2）等易爆物质。因此，凡供乙炔用的器材（如管路和零件），都不能使用银和含铜量在 70%以上的铜合金。乙炔和氯、次氯酸盐等化合会发生燃烧和爆炸。因此，乙炔燃烧时，禁止用四氯化碳来灭火。存放乙炔气瓶处要通风良好，温度要保持在 35 ℃以下。充灌后的乙炔气瓶要静置 24 h 后使用，以免使用时受丙酮的影响。这种影响特别表现在原子吸收分光光度分析中作为燃气时的火焰不稳、噪声增大，其原因就是受到丙酮蒸气的影响。为了防止气体回缩，应该装上回闪阻止器。当气瓶内还剩有相当量乙炔时（一般降低到 1 个表压），就需要换用另一只新乙炔气瓶。在使用乙炔气瓶过程中，应经常注意瓶身温度情况。如瓶身有发热情况，说明瓶内有自动聚合，此时，应立即停止使用，关闭气门并迅速用冷水浇瓶身，直至瓶身冷却，不再发热。

2) 氢气

氢气无毒、无腐蚀性、极易燃烧，单独存在时比较稳定。但其密度小，易从微孔漏出，而且它的扩散速度很快，易和其他气体混合。因此要检查氢气导管是否漏气，特别是连接处，一定要用肥皂水检查。氢气在空气中的爆炸极限为4.00%～74.20%（体积分数），其燃烧速度比烃类化合物等气体快，在常温和101.3 kPa（1 atm）下约为 2.7 m·s^{-1}（氢气约占混合物的 40%）。存放氢气的气瓶处一定要严禁烟火，远离火种、热源，储于阴凉通风的仓间。应与氧气、压缩空气、氧化剂、氟、氯等分开存放，严禁混储混运。

3）氧气

氧气是强烈的助燃气体。纯氧在高温下是很活泼的，当温度不变而压力增加时，氧气可以和油类发生剧烈的化学反应而引起发热自燃，发生强烈的爆炸。例如，一般工业矿物油与 3.04×10^3 kPa（30 atm）以上的氧气接触就能自燃。因此氧气气瓶一定要严防同油脂接触。氧气瓶中不能混入其他可燃气体或误用其他可燃气体气瓶来充灌氧气。氧气气瓶一般是在 20 ℃、1.52×10^4 kPa（150 atm）的条件下充灌的。氧气气瓶的压力会随温度增高而增高，因此禁止在强烈阳光下曝晒，以免随着钢瓶壁温增高引起瓶内压力过高。实验室有时需用液态氧蒸发制得不含水分的气态氧。在这步操作中不要使液氧滴在手上、脸上或身体其他裸露部位。液氧滴在皮肤上会引起烧伤或严重冻伤。由于液氧具有剧烈的氧化性能，因此处理液氧的工作地点不能放置棉、麻一类的碎屑。这类物质浸上液氧后，着火时会引起爆炸。操作人员身上应避免溅上液氧，因布和头发极易吸收氧气，吸氧后接触明火时，会发生燃烧。

4）氧化亚氮

氧化亚氮也称笑气，具有麻醉兴奋作用，因此使用时要特别注意通风。液态氧化亚氮在 20 ℃时蒸气压为 5066 kPa（50 atm）。氧化亚氮受热时分解为含氧和氮的混合物，可燃性气体即可与混合物中的氧反应而燃烧。

第2章

气相色谱实验

2.1 基本原理

色谱法是利用混合物中不同组分在固定相和流动相中分配系数（或吸附系数、渗透性等）的差异，使不同组分在做相对运动的两相中进行反复分配，实现分离的分析方法。以气体为流动相的色谱称为气相色谱（gas chromatogram，GC）。气相色谱法是英国生物化学家 Martin 等人在研究液液分配色谱的基础上，于 1952 年创立的一种极有效的分离方法，它可分析和分离复杂的多组分混合物。气相色谱法又可分为气固色谱（GSC）和气液色谱（GLC）：前者是用多孔性固体为固定相，分离的对象主要是一些永久性的气体和低沸点的化合物；而后者的固定相是用高沸点的有机物涂渍在惰性载体上，由于可供选择的固定液种类多，故选择性较好，应用亦广泛。

2.1.1 色谱分离的基本原理

色谱法的基本特点是具备两个相：不动的一相称为固定相；携带样品流过固定相的流动体，称为流动相。当流动相中样品混合物经过固定相时，就会与固定相发生作用，由于各组分在性质和结构上的差异，与固定相相互作用的类型、强弱也有差异，因此在同一推动力的作用下，不同组分在固定相滞留时间长短不同，从而按先后不同的次序从固定相流出。与适当的柱后检测方法结合，可实现混合物中各组分的分离与检测，两相及两相的相对运动构成了色谱法的基础。

试样中各组分经色谱柱分离后，按先后次序经过检测器时，检测器会将流动相中各组分浓度变化转变为相应的电信号，由记录仪记录下的信号-时间曲线或信号-流动相体积曲线，称为色谱流出曲线，如图 2-1-1 所示。从色谱流出曲线上，可以得到许多重要信息：

① 根据色谱峰的个数，可以判断样品中所含组分的最少个数。

② 根据色谱峰的保留值（或位置），可以进行定性分析。

③ 根据色谱峰下的面积或峰高，可以进行定量分析。

④ 色谱峰的保留值及其区域宽度，是评价色谱柱分离效能的依据。

⑤ 色谱峰两峰间的距离，是评价固定相（和流动相）选择是否合适的依据。

根据塔板理论，理论塔板数 n 和理论塔板高度 H 是衡量色谱柱分离效能的重要指标，它们之间的关系如下：

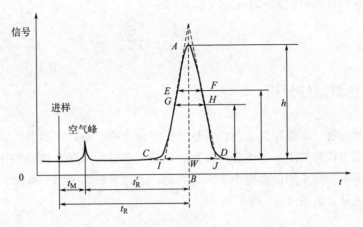

图 2-1-1　色谱流出曲线图

$$n = \frac{L}{H}$$

理论塔板数 n 越大，H 越小，柱效越高。理论塔板数 n 仅仅是一个衡量柱分离效能的理论指标，不能作为是否能使组分完全分离的绝对量度。n 可通过色谱峰上的相关数据由以下公式计算得出：

$$n = 5.54 \times \left(\frac{t_r}{W_{1/2}}\right)^2$$

分离度 R 称为色谱柱的总分离效能指标，它受柱选择性和柱效两方面因素的影响，它决定了色谱柱在一定条件下能否很好地对组分进行分离。同时，分离度取决于相邻色谱峰间的相对距离和色谱峰的扩宽程度。柱选择性的好坏与固定相的选择有关，决定了相邻峰的相对距离；柱效体现在色谱峰的扩宽程度上，受色谱柱及其操作条件的影响。分离度可通过色谱图上谱峰的相关数据进行计算，公式如下：

$$R = \frac{2(t_{r2} - t_{r1})}{W_1 + W_2}$$

分离度 R 的定义并没有反映影响分离度的诸因素。实际上，分离度受柱效 (n)、选择因子 (α) 和容量因子 (k) 三个参数的控制。对于难分离物质对，由于它们的分配系数差别小，可合理地假设 $k_1 \approx k_2 = k$，$W_1 \approx W_2 = W$。由上式，得：

$$n = 16R^2 \left(\frac{\alpha}{1-\alpha}\right)^2 \left(\frac{1+R}{R}\right)^2$$

由于

$$\frac{1}{W} = \frac{\sqrt{n}}{4} \times \frac{1}{t_r}$$

则推导出色谱分离基本方程式：

$$R = \frac{\sqrt{n}}{4} \frac{\alpha}{\alpha - 1} \times \frac{k}{1 + k}$$

2.1.2　色谱定性分析

用已知纯物质对照定性是色谱定性分析中最方便、最可靠的方法。这个方法基于在一定操作条件下，各组分的保留时间是一定值的原理。如果未知样品组成较复杂，可采用在未知混合物中加入已知物，通过未知物中哪个峰增大，来确定未知物中成分，如图 2-1-2 所示。

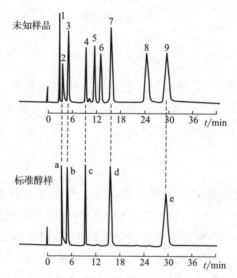

图 2-1-2　用已知纯物质与未知样品对照进行定性分析

a、b、c、d、e 为已知纯物质；1～9 为未知样品组分峰

2.1.3　色谱定量分析

色谱定量分析是根据检测器对溶质产生的响应信号与溶质的量成正比的原理，通过色谱图上的面积或峰高，计算样品中溶质的含量。但由于同一检测器对不同物质具有不同的响应值，即对不同物质，检测器的灵敏度不同，所以两个相等量的物质得不出相等峰面积。或者说，相同的峰面积并不意味着相等物质的量。因此，在计算时需将面积乘上一个换算系数，使组分的面积转换成相应物质的量。即表示为：

$$w_i = f_i A_i$$

色谱定量分析可采用归一化法、内标法和外标法。归一化法是气相色谱中常用的一种定量方法。应用这种方法的前提条件是试样中各组分必须全部流出色谱柱，并在色谱图上都出现色谱峰。当测量参数为峰面积时，归一化法的计算公式为：

$$x_i = \frac{A_i f_i}{A_1 f_1 + A_2 f_2 + \cdots A_i f_i \cdots + A_n f_n} \times 100\%$$

式中，A_i 为组分 i 的峰面积；f_i 为组分 i 的定量校正因子。

归一化法的优点是简便准确，当操作条件如进样量、载气流速等变化时对结果的影响较小，适合于对多组分试样中各组分含量的分析。

外标法是所有定量分析中最通用的一种方法，即所谓校准曲线法。外标法简便，不需要校正因子，但进样量要求十分准确，操作条件也需严格控制。它适用于日常控制分析和大量同类样品的分析。

为了克服外标法的缺点，可采用内标校准曲线法（内标法）。这种方法是选择一内标物质，以固定的浓度加入标准溶液和样品溶液中，以抵消实验条件和进样量变化带来的误差。内标法的校准曲线，是用 A_i/A_s 对 x_i 作图，其中 A_s 为内标物的峰面积。通过原点的直线可表示为：

$$x_i = K_i \frac{A_i}{A_s} \times 100\%$$

对内标物的要求是：样品中不含有内标物质；峰的位置在各待测组分之间或与之相近；稳定、易得纯品；与样品能互溶但无化学反应；内标物浓度恰当，使其峰面积与待测组分相差不太大。

2.1.4　气相色谱仪

气相色谱仪由气路系统、进样系统、分离系统、温控系统以及检测和数据记录系统五大部分组成。气路系统是一个让载气连续运行的管路密闭系统；进样系统包括进样装置和汽化室，其作用是将液体或固体试样在进入色谱柱前瞬间汽化，然后快速定量地转入色谱柱中；检测系统将进入检测器的化学信号转变成电信号输入数据记录系统；温控系统主要用来控制汽化室、进样口和检测室的温度；数据记录系统由计算机和工作站组成，用于记录和处理数据。其流程简图如图 2-1-3 所示。

气相色谱根据组分与固定相和流动相的亲和力不同而实现分离。组分在固定相与流动相之间不断进行溶解、挥发（气液色谱）或吸附、解吸过程，从而相互分离，然后进入检测器进行检测，最后根据色谱图的相关信息进行数据处理和解析。

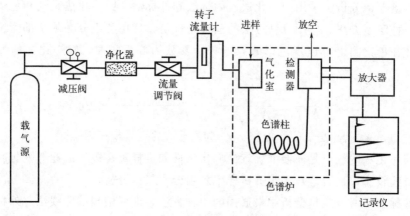

图 2-1-3　气相色谱流程简图

目前由于使用了高效能的色谱柱和高灵敏度的检测器，气相色谱法成为一种分析速度快、灵敏度高、应用范围广的分析方法。如气相色谱与质谱联用（GC-MS）、气相色谱与 Fourier 红外光谱联用（GC-FTIR）、气相色谱与原子发射光谱联用（GC-AES）等。气相色谱具有分离选择性好、柱效高、速度快、检测灵敏度高、试样用量少、应用范围广等许多特点，成为当代最有利的多组分混合物分离分析方法之一，广泛应用于石油化工、环境科学、医学、农业、生物化学、食品科学、生物工程等领域。

2.2　主要仪器

2.2.1　气相色谱仪使用说明

气相色谱仪型号多种多样，下面以岛津 GC-2014 气相色谱仪为例进行介绍。

2.2.1.1　FID 检测器

（1）开机步骤

① 打开气源，载气（N_2）0.7 MPa。

② 打开稳压器、主机、计算机的电源。

③ 双击【GCsolution】进入操作界面，双击【分析 1】输入用户名和密码点击【确定】。发出"长鸣"声，仪器联机成功，进入分析界面。

（2）参数设置

① 进入系统配置，点【系统设置】选中所需仪器、进样器、色谱柱、检测

器、进样单位，设置完毕，点【返回】，回到实时分析界面，点【仪器参数】进行参数设置。

② 参数设置

点击【视图】选择【仪器监视器】。查看仪器当前状态，在流路 1 监视器窗口中确认：

a. 载气及吹扫流量为【打开】（on）状态；

b. FID 检测器及点火为【关闭】（off）状态；

c. 附加流量控制为【打开】（on）状态。

点击【仪器参数】进入参数设定界面，进行参数设置（具体设置参数参照技术标准）：

a. 设置 SPL 进样口温度；

b. 设置柱温箱温度恒温或程序升温；

c. 设置检测器 FID 温度。

设置结束，点击【下载】保存数据文件，点击【启动 GC】，仪器开始工作。如沿用上次关机前的配置，直接点【启动 GC】，仪器开始工作。

(3) 点火

待检测器温度上升到 150 ℃以上，打开氢气发生器和空气泵，检查是否氢气压力表为 55 kPa，空气压力表为 45 kPa。然后将工作站中的检测器和点火设置为【打开】状态。等待点火成功。可在软件上设定自动重点功能。

待实时分析界面出现【准备就绪】，点【调零】调节基线归零，即可开始样品分析。

(4) 样品分析

① 单次分析：点【单次分析】进入单次分析界面，输入样品瓶号、样品名称、样品类型、数据文件，点【确定】—【开始】，在进样口进样后点击【start】，开始采集数据。

② 批处理：点【批处理】进入批处理界面，输入样品瓶号、样品名称、样品类型、方法文件、数据文件，保存批处理文件。点【确定】—【开始】，在进样口进样后点击【start】，开始采集数据。

(5) 结果分析

分析结束后，双击【GCsolution】进入操作界面，双击"再分析"，在再解析系统数据分析下设定标准品积分、定量、组分等参数并作为方法保存下来；样品溶液中的未知组分的保留时间分别与标准溶液在同一色谱柱上的保留时间相比较进行定性；样品溶液峰面积与标准溶液峰面积比较进行定量。

(6) 打印报告

选择好报告模式后加载数据文件即可完成报告编制，点击"打印"输出数据结果。也可在报告生成器上根据需要设定报告模式。

（7）关机

当检测结束时，设置进样口温度为 40 ℃，柱温箱为 30 ℃，检测器为 40 ℃。点击【下载】，保存信息。当柱温箱温度＜30 ℃时，关闭点火和检测器（空气和氢气的压力表不用调节），同时关闭空气泵和氢气发生器。等检测器温度＜100 ℃，点击【关闭 GC】关闭工作站。关闭主机电源及计算机。

最后关闭氮气总阀，关掉总电源。

2.2.1.2 FPD 检测器

操作步骤同"2.2.1.1 FID 检测器"。

2.2.1.3 ECD 检测器

（1）开机步骤

① 打开气源，载气（N_2）0.7 MPa，H_2 0.2～0.3 MPa。

② 打开稳压器、主机、计算机的电源。

③ 双击【GCsolution】进入操作界面，双击【分析 1】输入用户名和密码点击【确定】。发出"长鸣"声，仪器联机成功，进入分析界面。

（2）参数设置

① 系统设置（同 FPD 检测器）；

② 参数设置：SPL、柱温箱参数设置同 FPD 检测器，检测器设置检测器温度与电流（1.0 nA）。

（3）样品分析（同 FPD 检测器）

（4）结果分析（同 FPD 检测器）

（5）打印报告（同 FPD 检测器）

（6）关机

当检测结束时，设置进样口温度为 40 ℃，柱温箱为 30 ℃，检测器为 40 ℃，桥流设为 0。点击"下载"等柱温＜30 ℃，检测器温度＜100 ℃以后，点【关闭系统】，退出实时分析窗口，关闭计算机。关闭 N_2 或 H_2。关闭 GC 电源开关。

2.2.2 气相色谱仪使用注意事项

（1）钢瓶及气源

① 钢瓶减压阀要经常检漏。

② 在使用空气压缩机时要定期放水，更换干燥剂。

③ 钢瓶总压＜2.0 MPa 时，更换新钢瓶。

④ 载气、空气及氢气需要安装气体净化装置，保证气体纯度。

(2）电源

如果电压不稳，需配置稳压电源，同时有良好的接地设施。

(3）进样口

① 定期更换进样垫。

② 进样口内的玻璃衬管要定期清洗，SPL 需注意分流及不分流两种衬管，衬管内应添加石英棉，并且定期更换。

③ 不用的进样口和检测器要用死堵堵好。

(4）色谱柱的安装

毛细柱两端切口要平齐，长时间不用或新的毛细柱两头要切掉 2 cm 左右，再分别接进样口、检测器。两边长度参照带有标识的石墨调节器即可。

(5）色谱柱的老化

最好用程序升温老化色谱柱，老化的最高温度要高于平时使用温度 20 ℃以上且低于柱子的最高使用温度。老化时间不低于 1.5 h。载气流速应与测定样品时保持一致。

(6）实验过程

气相色谱仪测量对象多数为易挥发有机物，实验过程中应保持通风良好，有条件可安装通风设备。取完样品应盖好瓶盖，防止挥发。

(7）实验室环境

分析室周围要远离强磁场以及易燃和强腐蚀性气体。室内环境应在 5～35 ℃范围内，相对湿度≤85%，且室内保持空气畅通，最好安装空调。

2.3　典型实验

实验 2-1　气相色谱定性分析及柱效测定

一、实验目的

① 了解气相色谱仪基本结构。

② 掌握气相色谱仪的基本操作。

③ 掌握气相色谱定性分析的原理及方法。

④ 掌握柱效和分离度的计算方法。

二、实验原理

色谱定性分析是基于一定操作条件下,各组分的保留时间是一定值的原理进行的。常常在相同的色谱条件下,利用已知纯物质保留值对照定性,这是色谱定性分析最方便、最可靠的方法。测定标准样品和未知样品的保留时间(或保留体积),由标准物质的保留时间与未知物质的保留时间进行定性推定,进而确定出未知物。如果未知样品组成较复杂,可采用在未知混合物中加入已知物,通过未知物中哪个峰增大,来确定未知物中成分。

本实验通过测定标准试样乙醇、正丁醇、乙酸乙酯的保留时间,并在同一条件下测定未知的混合有机物的保留时间,同一种物质其保留时间在同一条件下近似相等,根据已知标准试样与未知样品的保留时间,进行定性分析,并确定出未知样品的基本组分及所含最低组分数。

三、仪器与试剂

仪器:气相色谱仪、氢火焰离子化检测器(FID)、空气发生器、氢气发生器、石英毛细管柱(弱极性柱;30 m;0.25 mm×0.25 μm)、微量进样器(10 μL)。

试剂:氮气、乙醇(AR)、正丁醇(AR)、乙酸乙酯(AR)、混合液样品。

四、实验步骤

1. 开机及条件设置

① 连接好色谱柱,首先打开气路系统,开启载气(N_2)钢瓶,调节减压阀和稳压阀压力,调节流速。

② 打开气相色谱仪主机电源,启动电脑,进入色谱工作站。

③ 设置温度。设置汽化室温度150 ℃、色谱柱温度70 ℃、检测器温度250 ℃,启动 GC 系统,等待升温。

④ 开检测器。待检测器预热至150 ℃以上,打开空气发生器和氢气发生器,调节氢气压力55 kPa,空气压力45 kPa。待压力达到设定值供气稳定后,打开检测器并进行点火,观察基线运行。

⑤ 升温。待实际温度达到设置温度,基线平稳,仪器达到稳定状态,显示"准备就绪"即可准备进样。

2. 进样操作

① 标准样品测定。选择单次分析,设置文件名、保存路径及采集时间等相关参数。用微量进样器准确吸取乙醇1.0 μL,注入汽化室,开始分析,进行数据采集。同样方法对正丁醇及乙酸乙酯标液进行分析。

② 待测样品测定。在与上述过程相同色谱条件下,用微量进样器准确吸取

未知混合样品 $1.0~\mu L$，注入汽化室，开始分析，进行数据采集。

3. 查看及记录数据

数据采集过程中，注意观察色谱流出曲线，按照预设时间完成数据采集并及时记录数据。

4. 定性分析

将标准物质的保留时间和未知样品中各个组分的保留时间进行对比，确定未知混合样品中至少含有的组分数及组成成分。

5. 柱效测定

测定色谱柱的理论塔板数及塔板高度。测定正丁醇和乙酸乙酯的保留时间和色谱峰宽，按照公式计算该色谱柱分离正丁醇和乙酸乙酯两组分的理论塔板数和塔板高度。

6. 测定分离度

根据测定数据，计算正丁醇和乙酸乙酯相邻组分的分离度。

7. 实验结束后，关闭系统

① 设置关机温度。进样口 40 ℃，柱温 30 ℃，检测器 40 ℃，等待系统降温。

② 待检测器降温至 100 ℃ 以下，可关闭检测器和点火，关闭氢气发生器和空气发生器。

③ 待柱温低于 30 ℃，关闭 GC 系统。

④ 关闭主机电源及电脑工作站。

⑤ 关闭气路系统，关闭总电源。

五、实验结果

将采集的数据填入表 2-3-1，并回答下列问题。

表 2-3-1　标准样品和未知混合样品的保留时间、峰底宽和半峰宽

项目	乙醇	正丁醇	乙酸乙酯	未知样品
保留时间(t_r)/min				
峰底宽(W)/min				
半峰宽$(W_{1/2})$/min				

① 该混合样品至少含有_____种组分，分别是什么？

② 计算正丁醇和乙酸乙酯的柱效 n。

③ 计算正丁醇和乙酸乙酯相邻两组分的分离度 R，并讨论在该色谱条件下，这两种组分能否完全分离？

六、注意事项

① 严格遵守开、关机流程，开机先开载气，关机最后关闭载气，启动系统前应先预热，关闭系统前需先降温，操作过程中不要打开柱温箱，以防柱温受到影响。

② 标液和未知样品需在同样条件下进行测量，才可通过对照保留时间进行定性分析。

③ 注意瞬间进样技术和液相色谱进样方法的差别。

七、思考题

① 简述色谱定性分析的基本原理。

② 气相色谱仪由哪几大系统组成？各系统的作用是什么？

③ 气相色谱分析中为什么要瞬间进样？

实验 2-2　程序升温法测定混合醇

一、实验目的

① 进一步熟练气相色谱仪的基本操作。

② 进一步熟练色谱定性分析的方法。

③ 掌握程序升温方法在气相色谱中的应用。

④ 学会归一化法在色谱定量分析中的应用。

二、实验原理

在气相色谱测定中，温度是重要的指标，它直接影响色谱柱的选择分离、检测器的灵敏度和稳定性。控制温度主要指对色谱柱、汽化室、检测器三处的温度进行控制。色谱柱的温度控制方式有恒温和程序升温两种，程序升温指在一个分析周期内柱温随时间由低温向高温做线性或非线性变化，以达到用最短时间获得最佳分离的目的。对于沸点范围很宽的混合物，往往采用程序升温法进行分析。

气相色谱定量分析是根据检测器对溶质产生的响应信号与溶质的量成正比的原理，通过色谱图上的面积或峰高，计算样品中溶质的含量。目前常用的色谱定量分析方法有：归一化法、内标法和外标法三种。这些定量方法各有其优缺点和适用范围，其中归一化法是常用的一种简便准确的定量方法，特别是当进样量、流速等变化时，该方法对分析结果的影响较小。应用这种方法的前提条件是试样中各组分必须全部流出色谱柱，并在色谱图上都出现色谱峰。当测量参数为峰面积时，归一化的计算公式为：

$$x_i = \frac{m_i}{m} \times 100\% = \frac{A_i f_i}{A_1 f_1 + A_2 f_2 + \cdots A_i f_i \cdots + A_n f_n} \times 100\%$$

式中　x_i——组分 i 的质量分数；

　　　m_i——组分 i 的质量；

　　　m——混合组分总质量；

　　　A_i——组分 i 的峰面积；

　　　f_i——组分 i 的定量校正因子。

本实验测定的混合醇有正丙醇、异丁醇和异戊醇，均为同系物，对于此类分子量相差不大的同系物，它们的校正因子可以看作近似相等，因此使用面积归一化法对此类物质进行定量分析时，上式可表示为：

$$x_i = \frac{A_i}{A_1 + A_2 + \cdots A_i \cdots + A_n} \times 100\% = \frac{A_i}{\sum A_i} \times 100\%$$

三、仪器与试剂

仪器：气相色谱仪（GC）、氢火焰离子化检测器（FID）、岛津色谱工作站（GCsolution）、石英毛细管柱（弱极性柱；30 m；0.25 mm×0.25 μm）、微量进样器（10 μL）。

试剂：乙醇（AR）、正丙醇（AR）、异丁醇（AR）、异戊醇（AR）、未知混合样。

四、实验步骤

1. 样品配制
以乙醇为溶剂配制正丙醇、异丁醇、异戊醇的一定浓度的标准溶液，摇匀备用。

2. 仪器操作参考条件
① 载气：氮气（纯度 99.999%；输出压力 0.7 MPa）。

② 色谱柱：石英毛细管柱（Rtx-5；30 m；0.25 mm×0.25 μm）。

③ SPL 温度：200 ℃。

④ 柱温：程序升温 55 ℃（保持 3 min）—120 ℃（10 ℃·min^{-1}）。

⑤ 检测器：200 ℃。

⑥ 进样模式：分流。

⑦ 分流比：50∶1。

⑧ 氢气压强：55 kPa。

⑨ 空气压强：45 kPa。

3. 操作步骤

① 标准样品测定。用微量进样器分别吸取正丙醇、异丁醇、异戊醇标液，进样 $1.0\ \mu L$，测出其保留时间 (t_r)、峰高 (h)、峰面积 (A)，记录在表格中。

② 同样方法测出混合样品在此条件下的保留时间 (t_r)、峰高 (h)、峰面积 (A)，并记录在表格中。

③ 由图谱数据进行定性及定量分析。

五、实验结果

记录于表 2-3-2 和表 2-3-3。

表 2-3-2　标准样品保留时间

样品名称	正丙醇	异丁醇	异戊醇
保留时间(t_r)/min			

表 2-3-3　样品保留时间、响应信号及含量

样品名称	正丙醇	异丁醇	异戊醇
保留时间(t_r)/min			
峰面积(A)			
峰高(h)			
质量分数/%			

六、思考题

① 什么是程序升温？该实验为何要采用程序升温？

② 色谱定量分析方法有哪几种？面积归一化法进行定量分析有什么特点？

③ 本实验进样量是否要求非常准确？为什么？

实验 2-3　外标法测定混合物中乙酸乙酯的含量

一、实验目的

① 熟练掌握气相色谱的操作技术。

② 掌握外标法进行定量分析的特点和方法。

③ 掌握氢火焰离子化检测器的工作原理。

二、实验原理

色谱定量分析的原理是试样中各组分的含量与检测器的响应信号（峰高和峰面积）在一定响应范围内成正比，即

$$w_i = f_i A_i$$

外标法是仪器分析常用的定量分析方法之一。与内标法相比，外标法不是把标准物质加入被测样品中，而是在与被测样品相同的色谱条件下单独测定，把得到的色谱峰面积（或峰高）与被测组分的色谱峰面积（峰高）进行比较，求得被测组分的含量。外标物与被测组分同为一种物质，但要求它有一定的纯度，分析时外标物的浓度应与被测物浓度相接近，以利于定量分析的准确性。

外标标准曲线法是用已知不同含量的标样系列等量进样分析，然后作出响应信号与含量之间的关系曲线，也就是校正曲线。定量分析样品时，在与校正曲线相同条件下进同等量的待测样品，从色谱图上测出峰高或峰面积，再从校正曲线上查出样品的含量。

本实验采用外标校正曲线法，即在与待测样相同条件下测定一系列已知浓度的乙酸乙酯标准溶液，记录其响应值，以响应信号（峰高或峰面积）对标准样品浓度作标准曲线，然后测出待测混合样品中乙酸乙酯的响应信号，该值应该落在标准曲线范围内，在曲线上查找到对应的混合待测样品中乙酸乙酯的浓度。

三、仪器与试剂

仪器：气相色谱仪（GC）、氢火焰离子化检测器（FID）、岛津色谱工作站（GCsolution）、石英毛细管柱（弱极性柱；30 m；0.25 mm×0.25 μm）、微量进样器（10 μL）。

试剂：乙酸乙酯（AR）、无水乙醇（AR）、未知混合液。

四、实验步骤

1. 样品配制

以乙醇为溶剂配制一系列不同浓度的乙酸乙酯标准溶液，浓度为 20 mg·mL^{-1}、40 mg·mL^{-1}、60 mg·mL^{-1}、80 mg·mL^{-1}、100 mg·mL^{-1}，摇匀备用。

2. 仪器操作参考条件

① 载气：氮气（纯度 99.999%；输出压力 0.7 MPa）。

② 色谱柱：石英毛细管柱（Rtx-5；30 m；0.25 mm×0.25 μm）。

③ SPL 温度：150 ℃。

④ 柱温：70 ℃

⑤ 检测器：250 ℃。

⑥ 进样模式：分流。

⑦ 分流比：50∶1。

⑧ 氢气压强：55 kPa。

⑨ 空气压强：45 kPa。

3. 操作步骤

① 用无水乙醇清洗进样器多次，并用待测液润洗。

② 用微量进样器准确进 20 mg·mL^{-1}、40 mg·mL^{-1}、60 mg·mL^{-1}、80 mg·mL^{-1}、100 mg·mL^{-1} 五个不同浓度的乙酸乙酯标准溶液 1.0 μL，测其保留时间 t_r 与响应值（峰高 h、峰面积 A）。

③ 用微量进样器准确进未知样品 1.0 μL，根据上述乙酸乙酯标准溶液的保留时间确定出未知样中乙酸乙酯的色谱峰，并记录其保留时间 t_r 与响应值（峰高 h、峰面积 A）。

④ 作标准曲线。根据乙酸乙酯标准溶液的响应值（峰高 h、峰面积 A）数据对浓度作图，得到一条经过原点的标准曲线。

⑤ 根据标准曲线，确定未知样中乙酸乙酯的浓度。

五、实验结果

记录于表 2-3-4 和表 2-3-5。

表 2-3-4　不同浓度乙酸乙酯标准溶液的保留时间和响应值

浓度	20 mg·mL^{-1}	40 mg·mL^{-1}	60 mg·mL^{-1}	80 mg·mL^{-1}	100 mg·mL^{-1}
保留时间 t_r/min					
峰高 h					
峰面积 A					

表 2-3-5　样品中乙酸乙酯的保留时间和响应信号及含量

样品名称	保留时间(t_r)/min	峰面积(A)	峰高(h)	质量分数/%
乙酸乙酯				

六、注意事项

① 外标法适用于工厂中的常规分析，它用于痕量组分的分析也能得到满意的结果。这个方法的精确度在很大程度上取决于操作条件的控制。所以样品分析的操作条件，必须严格控制于绘制校正曲线时的条件。

② 当峰高对操作条件敏感以及对拖尾峰、柱子超负荷和检测器有大的响应时，给出的是非线性校正曲线，此时峰面积计算常常可以得到更好的结果。

③ 对重叠峰，难以准确地测量峰面积，必须提高分离度才能达到预期的效

果。对于工厂的常规分析，使用外标法必须经常对校正曲线进行验证。如果曲线外推通过坐标原点，验证时可以只取一个点（进一次标准样品）。外标法误差的来源，除了分离条件的变化之外，还有进样的重复性。

④ 使用微量进样器手动进样，会有一定误差，如果使用自动进样装置，则可获得更高的准确度与精密度。

七、思考题

① 外标法对物质进行定量分析，其方法有哪些优点和缺点？
② 简述色谱定量分析的基本原理。
③ 简述氢火焰离子化检测器的工作原理。

实验 2-4　内标法测定混合样品中环己烷的含量

一、实验目的

① 进一步掌握气相色谱定性及定量分析的基本原理。
② 熟练掌握相对校正因子的概念与测定方法。
③ 掌握用内标法进行定量分析的方法与计算。

二、实验原理

内标法是色谱分析法中一种常用的准确度较高的定量方法。该方法是将一定量选定的标准物（内标物 s）加入一定量试样中，混合均匀后，在一定操作条件下注入色谱仪进行分析，出峰后分别测量组分 i 的峰面积 A_i（或峰高 h_i）和内标物 s 的峰面积 A_s（或峰高 h_s），然后根据与其响应信号相对应的质量之间的关系，便可求出待测组分的含量。

当组分通过检测器时所给出的信号称为响应值。物质响应值的大小取决于物质的性质、浓度、检测器的灵敏度及特性等。实验表明，同一种物质在不同类型的检测器上有不同的响应值，且不同物质在同一种检测器上的响应值也不同。为了使检测器产生的响应值能真实地反映出物质的含量，就要对响应值进行校正，故引入校正因子，在外标法的测量中首先要测得待测物和内标物的校正因子。选择一内标物质，以固定的浓度加入标准溶液和样品溶液中，以抵消实验条件和进样量变化带来的误差。

由公式

$$m_i = f_i A_i, \ m_s = f_s A_s$$

可得：

$$\frac{m_i}{m_s} = \frac{f_i A_i}{f_s A_s}$$

$$m_i = m_s \frac{f_i A_i}{f_s A_s}$$

$$x_i = \frac{m_i}{m} \times 100\% = \frac{m_s \frac{f_i A_i}{f_s A_s}}{m} \times 100\% = \frac{m_s}{m} \frac{f_i A_i}{f_s A_s} \times 100\%$$

式中　f_i——组分 i 的质量校正因子；

　　　f_s——内标物 s 的质量校正因子；

　　　A_i——组分 i 的峰面积；

　　　A_s——内标物 s 的峰面积；

　　　m_i——组分 i 的质量；

　　　m_s——内标物 s 的质量；

　　　m——试样的总质量；

　　　x_i——组分 i 的质量分数。

内标物的选择应具备以下条件：

① 内标物应是试样中不存在的纯物质；

② 内标物的性质应与待测组分性质相近，以使内标物的色谱峰与待测组分色谱峰靠近并与之完全分离；

③ 内标物与样品应完全互溶，但不能发生化学反应；

④ 内标物加入量应接近待测组分含量。

本实验为测得混合样品中环己烷的含量，首先选取苯作内标物，通过测量已知质量的内标物苯及待测物环己烷标准溶液的峰高或峰面积，求其二者的校正因子，再通过以上公式计算出混合试样中环己烷的含量。

三、仪器与试剂

仪器：气相色谱仪（GC）、氢火焰离子化检测器（FID）、岛津色谱工作站（GCsolution）、石英毛细管柱（弱极性柱；30 m；0.25 mm×0.25 μm）、微量进样器（10 μL）。

试剂：苯（色谱纯）、环己烷（AR）、无水乙醇（AR）、待测样品。

四、实验步骤

1. 操作条件设定

① 载气：氮气（纯度 99.999%；输出压力 0.7 MPa）；

② SPL 温度：150 ℃；

③ 柱温：150 ℃；

④ 检测器：190 ℃；

⑤ 进样模式：分流；

⑥ 分流比：50∶1；

⑦ 氢气压强：55 kPa；

⑧ 空气压强：45 kPa。

2. 操作步骤

(1) 相对质量校正因子的测定

① 内标物溶液的配制：取一干净带橡皮塞的小称量瓶，准确称其质量，然后注入 10 mL 待测组分（环己烷）的标准物，称出其准确质量，两次称量质量之差即为待测组分的质量 m_i。再用同样的方法，注入内标物（苯）10 mL，称出其准确质量。与第二次称量的质量之差即为内标物的质量 m_s。

② 校正因子的测定：将上述配好的内标物溶液混合均匀，然后用微量注射器取 1.0 μL 进样，并测定各峰峰面积（A_i 及 A_s）。

③ 计算出内标物苯及待测组分环己烷的相对质量校正因子，平行测定三次，取平均值。

(2) 样品含量测定

① 样品溶液的制备：按上述方法准确量取待测混合样品溶液 10 mL，然后注入 10 mL 苯作内标物，并称其质量 m_s。

② 样品的测定：将上述配好的样品溶液混合均匀后，用微量注射器取 1.0 μL 进样，并测定环己烷及内标物苯的峰面积（A_i 及 A_s）。

③ 平行测定三次，取平均值。

④ 根据以上公式计算出混合样品中环己烷含量。

五、实验结果

记录于表 2-3-6 和表 2-3-7。

表 2-3-6 相对质量校正因子测定相关数据

组分	t_r/min				m/mg				A			
	1	2	3	平均值	1	2	3	平均值	1	2	3	平均值
苯												
环己烷												

根据以上数据计算 f_i 和 f_s。

表 2-3-7　样品含量测定相关数据

组分	t_r/min				m/mg				A			
	1	2	3	平均值	1	2	3	平均值	1	2	3	平均值
苯												
环己烷												

根据以上数据计算样品中环己烷的含量 x_i。

六、思考题

① 对内标法而言，能否用待测组分本身的标准物来作内标物？如以内标物为基准，则其相应计算公式如何？

② 使用内标法进行定量分析时，如果测定结果不准确，你认为原因会是什么？

③ 内标法对进样量有无严格要求？为什么？

实验 2-5　白酒中残留甲醇的测定及分离条件的选择

一、实验目的

① 加深对气相色谱分离原理及方法的理解。

② 强化应用气相色谱法分析检测样品的实际能力。

③ 了解气相色谱操作条件对分离度的影响。

二、实验原理

在酿酒发酵的化学反应过程中，会生成极微量的甲醇，甲醇是一种对人体有害的物质，是结构最为简单的饱和一元醇，又称"木醇"或"木精"。它是无色、有酒精气味、易挥发的液体，有毒，误饮 5～10 mL 能双目失明，大量饮用会导致死亡。白酒中的主要成分是乙醇和水，约占白酒成分的 99%，其余 1% 主要成分有：杂醇油、醛类、甲醇、铅、氰化物、黄曲霉毒素、农药等。杂醇油的沸点一般高于乙醇（乙醇沸点为 78 ℃，丙醇为 97 ℃，异戊醇为 131 ℃）；低沸点的醛类有甲醛、乙醛等，高沸点的醛类有糠醛（沸点为 161.7 ℃）、丁醛（正丁醛沸点为 141.3 ℃）、戊醛（沸点为 169 ℃）、己醛（沸点为 161 ℃）；甲醇的沸点是 64.5 ℃；白酒中的氰化物主要来自原料，如木薯、野生植物等，在制酒过程中经水解产生氢氰酸，它的沸点是 25.6 ℃。

在气相色谱检测中，温度是影响其测量准确与否的重要因素，包括汽化室温度、柱温和检测器温度。汽化室温度一般要求高于组分沸点 30～70 ℃，汽化室温度太低达不到汽化效果，温度太高会使样品化学分解而影响测定结果。柱温的选择亦不能过高或过低。首先应使柱温控制在固定液的最高使用温度（超过该温度固定液易流失）和最低使用温度（低于此温度固定液以固体形式存在）范围之内。柱温升高，分离度下降，色谱峰变窄变高。柱温升高，被测组分的挥发度升高，即被测组分在气相中的浓度增大，分配系数降低，保留时间延长，对于低沸点组分峰易产生重叠。反之，柱温太低，分离度增大，但是分析时间延长。对于难分离物质对，降低柱温虽然可在一定程度内使分离得到改善，但是不可能使之完全分离，这是由于两组分的相对保留值增大的同时，两组分的峰宽也在增加，当后者的增加速度大于前者时，两峰的交叠更为严重。柱温一般选择在接近或略低于组分平均沸点的温度。组分复杂、沸程宽的试样，采用程序升温。检测器的温度会影响它的灵敏度、精密度、分辨率和准确性等指标，必须合理选择检测器温度以保证分析结果的准确。

本实验采用气相色谱法测定白酒中的甲醇，是将一定量药品注入气相色谱仪，用 FID 检测，通过对待测样品色谱峰的保留时间来定性分析，根据样品的峰面积通过外标标准曲线法来定量分析。同时，通过对进样量、柱温、汽化温度和检测器温度的选择，建立快速准确测定白酒中残留甲醇的方法。

三、仪器与试剂

仪器：气相色谱仪（GC）、氢火焰离子化检测器（FID）、岛津色谱工作站（GCsolution）、石英毛细管柱（弱极性柱；30 m；0.25 mm×0.25 μm）、微量进样器（10 μL）。

试剂：甲醇（色谱纯）、无水乙醇（AR）、市售白酒。

四、实验步骤

1. 操作参考条件

① 载气：氮气（纯度 99.999%；输出压力 0.7 MPa）；

② SPL 温度：180 ℃；

③ 柱温：45 ℃；

④ 检测器：200 ℃；

⑤ 进样体积：0.1～1.0 μL；

⑥ 进样模式：分流；

⑦ 分流比：50∶1；

⑧ 氢气压强：55 kPa；

⑨ 空气压强：45 kPa。

2. 操作步骤

(1) 外标法测甲醇含量

① 标准储备液的配制：100 mL 容量瓶中装少量 60% 的乙醇溶液，然后在电子天平上准确称量 0.5000 g 色谱纯甲醇于此容量瓶中，最后用 60% 的乙醇溶液定容，此溶液为 0.0050 $g \cdot mL^{-1}$ 的标准甲醇储备液。

② 标准溶液的配制：准确吸取标准甲醇储备液 0.2 mL、0.4 mL、0.6 mL、0.8 mL、1.2 mL、1.6 mL、2.0 mL，分别置于 7 个 10 mL 容量瓶中，用 60% 乙醇稀释到刻度，混匀。甲醇系列浓度标准溶液，在以上色谱条件下，依次由低到高分别用注射器准确进样 0.5 μL，测得它们的峰面积和峰高。并记录在表 2-3-8 中。

③ 标准曲线的绘制：用以上测定数据，以峰面积 A 对甲醇浓度 c 作图，绘制标准工作曲线。

④ 白酒样品中残留甲醇的测定：在同样色谱条件下，进样 0.5 μL 白酒，测定白酒样品中残留甲醇，记录其甲醇组分的保留时间及峰面积 A，并在标准曲线上查找其对应浓度。

(2) 分离条件的选择

① 进样量的选择：0.1~1.0 μL 范围内，每隔 0.1 μL 进样一次，测定其峰面积 A，计算甲醇和乙醇的分离度。将数据记录在表 2-3-9 中。在线性范围内，由分离度对进样量作图，选择最佳进样量。

② 汽化室温度的选择：选择汽化室的温度为 100~200 ℃，由低到高，每次升温 10 ℃，待温度稳定后准确进样 0.5 μL，测定其峰面积。将数据记录在表 2-3-10 中。峰面积 A 对汽化室温度 T 作图，选择最佳汽化室温度。

③ 柱温的选择：在 20~70 ℃柱温下，每次升温 5 ℃，待温度稳定后，准确进样 0.5 μL，测定甲醇与乙醇组分的分离度，将数据记录在表 2-3-11 中。由分离度 R 对柱温 T 作图，根据曲线图选择最佳柱温。

④ 检测器温度的选择：为了防止水蒸气冷凝和样品冷凝，检测器的温度应大于汽化室温度。我们对检测器温度的选择从 160 ℃ 到 250 ℃，每次升温 10 ℃，待温度稳定后准确进样 0.5 μL，测定甲醇峰面积 A，将数据记录在表 2-3-12 中，由 A 对检测器温度 T 作图，根据曲线图选择最佳检测器温度。

五、实验结果

将实验结果记录于表 2-3-8～表 2-3-12 中。

表 2-3-8　7 个系列浓度标准溶液的测定

样品编号	1	2	3	4	5	6	7
c/mg							
A							

由 A-c 作图，绘制标准曲线，并计算白酒中残留甲醇的含量。

表 2-3-9　进样量的选择

进样量/μL	0.1	0.2	0.3	0.4	0.5	0.6	0.7	0.8	0.9	1.0
A										
t_{r1}										
t_{r2}										
W_1										
W_2										
R										

由 R-V 作图可知，最佳进样量为：_____。

表 2-3-10　汽化室温度的选择

温度/℃	100	110	120	130	140	150	160	170	180	190	200
A											

由 A-T 作图，可知最佳汽化室温度为：_____。

表 2-3-11　柱温的选择

温度/℃	20	25	30	35	40	45	50	55	60	65	70
t_{r1}											
t_{r2}											
W_1											
W_2											
R											

由 R-T 作图可知，最佳柱温：_____。

表 2-3-12　检测器温度的选择

温度/℃	160	170	180	190	200	210	220	230	240	250
A										

由 A-T 作图可知，最佳检测器温度为：_____。

六、注意事项

在进行条件选择实验时，除待选择条件改变外，其他条件均固定不变，按实验步骤中给出的参考条件进行。

七、思考题

① 本实验能否使用面积归一化法测量？为什么？

② 讨论分离度受哪些因素的影响。

第3章
高效液相色谱实验

3.1 基本原理

高效液相色谱法（high performance liquid chromatography，HPLC）是 20 世纪 60 年代末 70 年代初发展起来的一种新型分离分析技术。随着不断改进与发展，目前已成为应用极为广泛的化学分离分析的重要手段。它在经典液体柱色谱基础上，引入了气相色谱的理论，在技术上采用了高压泵、高效固定相和高灵敏度检测器，因而具备速度快、效率高、灵敏度高、操作自动化的特点。

高效液相色谱与气相色谱的主要区别在于高效液相色谱中的分离作用，是基于样品分子与固定相和流动相三者之间的作用力差别，而气相色谱是基于样品分子与固定相之间作用力的差别（流动相几乎不参与分离作用）。高效液相色谱分析的是液体样品，可以在室温下进行分离；而气相色谱分析的是气体样品或是在高温下可以汽化的样品，因此高效液相色谱法的应用范围非常广泛。在目前已知的有机化合物中，大约有 80% 的有机化合物可以用高效液相色谱法分析。高效液相色谱法（HPLC）是目前应用广泛的分离、分析、纯化有机化合物（包括能通过化学反应转变为有机化合物的无机物）的有效方法之一。由于此法条件温和，不破坏样品，因此特别适合高沸点、难汽化挥发、热稳定性差的有机化合物和生命物质。

3.1.1 高效液相色谱分离的基本原理

高效液相色谱分离的基本原理、定性定量分析的基本原理与气相色谱基本一致，本节不再赘述，详见气相色谱实验的基本原理（同 2.1.1～2.1.3 节）。

3.1.2 高效液相色谱仪

高效液相色谱仪一般包含 5 个主要部分：高压输液系统、进样系统、分离系统、检测系统和数据记录系统。此外还配有辅助装置，如梯度淋洗、自动进样等。具体流程如图 3-1-1 所示。首先高压泵将储液器中流动相溶剂经过进样器送入色谱柱，然后从控制器的出口流出。当注入欲分离的样品时，流经进样器的流动相将样品同时带入色谱柱进行分离，然后依先后顺序进入检测器，记录仪将检测器送出的信号记录下来，由此得到液相色谱图。

高压输液系统：其作用是提供足够恒定的高压，使流动相以稳定的流量快速

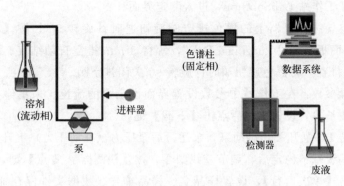

色谱柱
(固定相)

数据系统

溶剂
(流动相)

进样器

泵

检测器

废液

图 3-1-1 高效液相色谱仪流程简图

渗透通过固定相。高压输液系统由流动相储液器、高压泵、脱气器和梯度洗脱装置组成,其核心部件是高压泵,泵的材质一般使用不锈钢和聚四氟乙烯。

进样系统:在高效液相色谱中,一般采用旋转式高压六通阀进样。

分离系统:色谱柱是高效液相色谱的核心部件,包括柱管和固定相两部分。柱管一般采用内壁抛光的优质不锈钢管或铝、铜等金属材质。常规色谱柱长为 $5\sim25$ cm,内径为 $4\sim5$ mm。色谱柱固定相一般是粒径为 $3\sim5$ μm 的填料。

检测系统:HPLC 常用的检测器有紫外检测器、二极管阵列检测器(DAD)、荧光检测器、示差折光检测器、蒸发光散射检测器和质谱检测器。二极管阵列检测器对大部分有机化合物有响应;荧光检测器可以检测产生荧光的物质,对多环芳烃、维生素 B、黄曲霉素、卟啉类化合物、农药、药物、氨基酸、甾类化合物等有响应;蒸发光散射检测器对烃类化合物、表面活性剂、聚合物、脂肪酸、氨基酸、油和挥发性低于流动相的任何试样、不含发色团的化合物都有响应。

3.2 主要仪器

3.2.1 高效液相色谱仪的使用说明

以岛津 LC-20AT 高效液相色谱仪为例,说明其一般操作方法。

在开机之前,根据所测样品方法要求,准备所需流动相、标样及样品。流动相需要抽滤、超声脱气。标样和样品需要过滤。

① 开电源:依次打开 LC 泵、检测器、柱温箱、电脑开关,待各单元自检通过。

② 打开工作站 LabSolution，进入测定界面。

③ 排空气。将仪器上的黑色排空阀旋钮逆时针旋转 90°，按【Purge】键，此时泵显示面板显示"Purging LINE"，等待 3 min 排空自动结束。而后，仪器会自动停止排空。将黑色旋钮顺时针旋转 90°关闭排空阀。

④ 设置参数：在工作站中参数设置界面设定泵的流速、采集停止时间、检测器 A 的波长等，设置完成后点击【下载】键。

⑤ 点击 LC 泵开关，启动泵，泵运行后泵压力（柱前压力）上升直至稳定。

⑥ 待基线基本稳定后，调节基线归零，按【检测器 A 零点】键，调零。

⑦ 点击【单次运行】，设置样品名、样品编号、数据文件保存地址及名称，点击【确定】，弹出"开始"对话框，注意不要点击对话框中的【开始】键，进针后仪器会自动开始收集。

⑧ 用进样针吸满 25 μL（满量程进样，大于 20 μL 定量环容量即可），在进样阀处于"INJECT"位置时，插入进样针，向上（逆时针）抬起进样阀旋转手柄至"LOAD"位置，注入样品，再将旋转手柄快速向下搬至"INJECT"位置，然后拔出进样针，将会自动同步触发工作站采集数据。

⑨ 待仪器采集数据结束，点击【数据】—【浏览】看扫描结果，或在存放文件的位置找到谱图打开查看，然后点击【视图】—【峰表】键，查看样品的保留时间、峰高、峰面积等信息。

⑩ 重复进样操作返回步骤⑦即可。

⑪ 分析结束后，用流动相冲洗色谱柱。

⑫ 实验结束，点击 LC 泵开关，停止泵运行，然后关闭工作站，再依次关闭 LC 泵、检测器、柱温箱及电脑。

3.2.2 高效液相色谱仪注意事项及常见问题

① 流动相必须用 HPLC 级试剂，使用前过滤除去其中的颗粒性杂质和其他物质（使用 0.45 μm 或更细的膜过滤）。

② 流动相过滤后要用超声波脱气至少 20 min，脱气后应该恢复到室温后再使用。

③ 避免使用高黏度的溶剂作为流动相（如纯乙腈），否则会使单向阀粘住而导致泵不进液。

④ 流动相中不应含有任何腐蚀性物质，含有缓冲盐的流动相不应保留在泵内，更不允许留在柱内。

⑤ 使用缓冲盐作流动相后，需要用 10％甲醇水溶液冲洗流路系统 40 min 以上，然后逐渐换成高浓度甲醇水溶液清洗及液封。

⑥ 长时间不用仪器，需要将100％甲醇作为流动相进行封柱，注意不能用纯水保存柱子，因为纯水易长霉。

⑦ 每次测完样品后应该用溶解样品的溶剂清洗进样器。

⑧ 气泡会导致压力不稳，重现性差，所以在使用过程中要尽量避免产生气泡。

⑨ 输液泵的工作压力决不要超过规定的最高压力。

⑩ 输液泵工作时要防止溶剂瓶内的流动相用完，否则空泵运转会使大量空气进入柱内使柱床崩塌，同时也会磨损柱塞、密封圈，最终产生漏液。

⑪ 如果出现基线不稳或者峰形不好，可能是柱子污染，可以用100％甲醇以1.0 mL·min^{-1}冲洗柱子2 h，然后再进行实验。

3.2.3　高效液相色谱仪常见故障维修与保养

(1) 保留时间发生变化

① 可能是由于等度与梯度间未能充分平衡，用至少10倍柱体积的流动相平衡柱；

② 缓冲液容量不够，应用大于25 mmol·L^{-1}的缓冲液；

③ 柱内条件变化，应稳定进样条件，调节流动相；

④ 柱已经达到使用寿命，应采用保护柱，以延长柱使用寿命。

(2) 保留时间缩短

① 可能是由于样品超载，应降低样品量；

② 流动相组成变化，应使流动相成分稳定，防止流动相蒸发或沉淀；

③ 温度升高，应使柱恒温。

(3) 保留时间延长

① 可能由于硅胶柱上活性点变化，采用流动相改性剂（如加三乙胺），或采用碱致钝化柱；

② 管路泄漏，应更换泵密封圈，排除泵内气泡；

③ 流动相组成变化，应使流动相成分稳定，防止流动相蒸发或沉淀；

④ 温度降低，应使柱恒温。

(4) 出现肩峰或分叉

① 可能由于样品体积过大，用流动相配样，总的样品体积小于第一峰的15％；

② 样品溶剂过强，应采用较弱的样品溶剂；柱塌陷或者形成短路通道，应更换色谱柱，采用较弱腐蚀性条件。

(5) 出现鬼峰

① 可能是由于进样阀残余峰,应该每次用后用强溶剂清洗阀,改进阀和样品的清洗;

② 样品中存在未知物,应重新处理样品;

③ 柱未平衡,应重新将柱平衡,用流动相作为样品的溶剂;

④ 水污染(反相),通过变化平衡时间检查水质量,用 HPLC 级的水。

3.3 典型实验

实验 3-1 高效液相色谱定性分析及柱效测定

一、实验目的

① 了解高效液相色谱仪的构造及工作原理,并掌握仪器的使用方法。

② 掌握高效液相色谱法定性分析的原理。

③ 掌握色谱柱理论塔板数、理论塔板高度和分离度的计算方法。

二、实验原理

高效液相色谱定性分析的原理是在同一色谱条件下,各组分的保留时间是一定的。即利用保留时间进行定性分析。气相色谱中评价色谱柱柱效的方法及计算理论塔板数的公式,同样适用于高效液相色谱。

1. 理论塔板数(n)和理论塔板高度(H)

在色谱柱性能测试中,理论塔板数或理论塔板高度反映了色谱柱本身的特性,是具有代表性的参数,可以用其衡量柱效。通过塔板理论的基本公式可计算色谱柱效:

$$n = 5.54 \times \left(\frac{t_r}{W_{1/2}}\right)^2$$

理论塔板数越大,理论塔板高度越小,柱效越高,柱效与板高的关系如下:

$$n = \frac{L}{H}$$

2. 分离度

分离度是根据色谱峰判断相邻两组分在色谱柱中总分离效能的指标,用 R 表示。相邻两组分的分离度 $R \geqslant 1.5$,才能达到完全分离,其计算公式如下:

$$R = \frac{2(t_{r2} - t_{r1})}{W_1 + W_2}$$

三、仪器与试剂

仪器：高效液相色谱仪（HPLC）。

试剂：咖啡因甲醇标准溶液（40.00 μg/mL）、非那西汀甲醇标准溶液（190.00 μg/mL）、未知样品。

四、实验步骤

1. 实验条件

① 色谱柱：反相 C_{18} 柱；4.6 mm×15 cm；柱温 38 ℃。

② 流动相：甲醇水溶液（甲醇：水＝50∶50）。

③ 流速：1.2 mL/min。

④ 紫外检测器：检测波长为 270 nm。

⑤ 进样量：20 μL。

2. 流动相配制

① 将色谱纯甲醇与超纯水按 50∶50 比例混合，配制 500 mL。

② 混合液过 0.45 μm 有机系微孔滤膜，用真空泵抽滤。

③ 滤液转移至液相流动相专用瓶中，置于超声波超声 20 min，进行脱气，备用。

3. 标准品与样品准备

① 配制标准品：咖啡因标准品用色谱纯甲醇精密配制 40.00 μg/mL 咖啡因甲醇溶液；非那西汀标准品用色谱纯甲醇精密配制 190.00 μg/mL 非那西汀甲醇溶液。

② 标准品溶液用一次性针头注射器过 0.45 μm 有机系微孔滤膜，进行过滤处理。

③ 未知样品溶液用一次性针头注射器过 0.45 μm 有机系微孔滤膜，进行过滤处理。

4. 具体操作

① 依次打开以下电源：LC 泵、检测器、柱温箱、电脑。

② 打开工作站 LabSolution，进入测定界面。

③ 排空气。将仪器上的黑色排空阀旋钮逆时针旋转 90°，按【Purge】键，此时泵显示面板显示 "Purging LINE"，等待 3 min 排空自动结束。将黑色旋钮顺时针旋转 90°关闭排空阀。

④ 设定参数（结束时间 6 min、等浓度洗脱、流速 1.2 mL/min、检测波长

270 nm）。

⑤ 开泵，待基线平稳后，开始检测。

⑥ 用微量进样器依次吸取咖啡因、非那西汀标准溶液 25 μL（满量程进样，大于 20 μL 定量环容量即可），分别测得两个标准品的保留时间和峰面积（或峰高）。

⑦ 用微量进样器吸取未知样品溶液，记录峰的保留时间和峰面积（或峰高）。

⑧ 以保留时间对未知样品中的每个峰进行定性分析。

⑨ 实验结束后，按要求关闭仪器。

五、实验结果

① 记录实验数据于表 3-3-1 中。

表 3-3-1　标准样品和未知样品的保留时间、峰底宽和半峰宽

样品名称	保留时间	峰底宽	半峰宽
咖啡因(标准样品)			
非那西汀(标准样品)			
未知样品			

② 对比保留时间，该未知样品至少含有几种组分？分别是什么？

③ 咖啡因和非那西汀相邻两组分的分离度和柱效 n、H 分别是多少？

④ 咖啡因和非那西汀在这种色谱条件下是否得到完全分离？

六、注意事项

① 手动进样时要用平头微量注射器，不可用气相分析的尖头微量注射器，注意使用时的操作要领，防止针头和细长针芯折弯。

② 微量进样器使用前后，都要用甲醇溶液多次清洗；进样前，需要用待测样品润洗；进样时保证无气泡打进色谱柱。

③ 注意流动相不能抽空，废液瓶应及时清空，以免废液溢出。

七、思考题

① 用作高效液相色谱流动相的溶剂使用前为什么要脱气？

② 紫外检测器适用于检测哪种物质？

③ 实验中所测定的理论塔板数能说明什么？

实验 3-2　高效液相色谱法测定水中苯酚类化合物

一、实验目的

① 掌握高效液相色谱仪的基本原理和使用方法。

② 了解对水中苯酚类化合物进行定性分析的方法。

二、实验原理

高效液相色谱仪一般包括储液器、高压泵、梯度洗提装置、进样器、色谱柱、检测器、恒温器和色谱工作站等主要部件。储液器中储存的流动相经过过滤后由高压泵输送到色谱柱，试样由进样器注入流动相系统，而后送到色谱柱进行分离，分离后的组分由检测器检测，输出信号供给数据记录及处理装置。

本实验利用高效液相色谱法定性分析原理，测定水中苯酚类化合物的保留时间，根据标准品的保留时间判定未知样品中的有效成分。

三、仪器与试剂

仪器：高效液相色谱仪（HPLC）。

试剂：邻苯二酚标准溶液（$100.00\ \mu g \cdot mL^{-1}$）、对苯二酚标准溶液（$100.00\ \mu g \cdot mL^{-1}$）、间苯二酚标准溶液（$100.00\ \mu g \cdot mL^{-1}$）、待测样品。

四、实验步骤

1. 实验条件

① 色谱柱：反相 C_{18} 柱；$4.6\ mm \times 15\ cm$；柱温 30 ℃。

② 流动相：甲醇水溶液（甲醇：水＝20：80）。

③ 流速：$1.2\ mL \cdot min^{-1}$。

④ 紫外检测器：检测波长为 270 nm。

⑤ 进样量：$20\ \mu L$。

2. 流动相配制

① 将色谱纯甲醇与超纯水按 20：80 比例混合，配制 500 mL。

② 混合液过 $0.45\ \mu m$ 有机膜，用真空泵抽滤。

③ 滤液转移至液相流动相专用瓶中，置于超声波超声 20min，进行脱气，备用。

3. 标准品与样品准备

① 配制标准品：邻苯二酚水溶液 $100.00\ \mu g \cdot mL^{-1}$、对苯二酚水溶液 $100.00\ \mu g \cdot mL^{-1}$、间苯二酚水溶液 $100.00\ \mu g \cdot mL^{-1}$。

② 标准品溶液用一次性针头注射器过 $0.45\ \mu m$ 有机膜，进行过滤处理。

③ 未知样品溶液用一次性针头注射器过 $0.45\ \mu m$ 有机膜，进行过滤处理。

4. 具体操作

① 依次打开以下电源：LC泵、检测器、柱温箱、电脑。

② 打开工作站 LCsolution，进入测定界面。

③ 排空气。将仪器上的黑色排空阀旋钮逆时针旋转 $90°$，按【Purge】键，此时泵显示面板显示"Purging LINE"，等待 3 min 排空自动结束。将黑色旋钮顺时针旋转 $90°$ 关闭排空阀。

④ 设定参数（结束时间 10 min、等浓度洗脱、流速 $1.2\ mL \cdot min^{-1}$、检测波长 270 nm）。

⑤ 开泵，待基线平稳后，开始检测。

⑥ 用微量进样器依次吸取邻苯二酚、间苯二酚、对苯二酚标准溶液 $25\ \mu L$（满量程进样，大于 $20\ \mu L$ 定量环容量即可），分别测得三个标准品的保留时间和峰面积（或峰高）。

⑦ 用微量进样器吸取未知样品溶液，记录峰的保留时间和峰面积（或峰高）。

⑧ 以保留时间对未知样品中的每个峰进行定性分析。

⑨ 实验结束后，按要求关闭仪器。

五、实验结果

① 记录实验数据于表 3-3-2 中。

表 3-3-2　标准样品和未知样品的保留时间、峰面积和峰高

样品	保留时间	峰面积	峰高
标准样品			
未知样品			

② 通过对比保留时间，进行定性分析，得出结论。

六、注意事项

① 实验操作前，流动相必须经过充分脱气，以除去其中溶解的气体（如 O_2），如不脱气易产生气泡，增加基线噪声，造成灵敏度下降，甚至无法分析。更换流动相时务必停泵，防止吸入大量空气，影响仪器正常运行。

② 泵运行前先打开排空阀，然后按【Purge】键，将管路中残留气体排空之后再关闭排空阀。

七、思考题

① 在液相色谱中，提高柱效的途径有哪些？其中最有效的途径有哪些？
② 在液相色谱应用中最适宜分离的物质是什么？

实验 3-3　高效液相色谱法测定水中对苯二酚的含量

一、实验目的

① 掌握高效液相色谱法定量分析的基本原理。
② 了解对水中对苯二酚化合物进行定量分析的方法。

二、实验原理

外标法是以被测化合物的纯品（或已知其含量的标样）作为标准品，取一定量该标准品（即一定量已知浓度的溶液）注入色谱柱得到其响应值（峰面积或峰高）和保留时间，在一定浓度范围内，标样量与响应值之间有比较好的线性关系，作标准曲线图，然后，在完全相同的色谱条件下，注入含某组分（与标样组分相同）的未知样品，得到峰面积，通过已知浓度和标准物质保留时间或积分面积，计算出未知样品的浓度，即被测组分的浓度。这种分析方法叫作外标定量分析法。校正曲线法是用已知不同含量的标样系列等量进样分析，然后作出响应信号与含量之间的关系曲线，也就是校正曲线。定量分析样品时，在与测校正曲线相同的条件下进同等量的待测样品，从色谱图上测出峰高或峰面积，再从校正曲线上查出样品的含量。

外标法操作简单，适合大批量试样的分析及日常控制分析。但是，进样量的准确性和操作条件的稳定性等因素对测定结果有很大的影响。

本实验采用外标标准曲线法对水中对苯二酚化合物进行定量分析。

三、仪器与试剂

仪器：高效液相色谱仪（HPLC）。

试剂：对苯二酚的标准溶液（40.00 $\mu g \cdot mL^{-1}$、60.00 $\mu g \cdot mL^{-1}$、80.00 $\mu g \cdot mL^{-1}$、100.00 $\mu g \cdot mL^{-1}$）、待测水样。

四、实验步骤

1. 实验条件

① 色谱柱：ODS；$4.6~mm \times 15~cm$；柱温 30 ℃。

② 流动相：甲醇水溶液（甲醇：水＝20：80）。

③ 流速：$1.2~mL \cdot min^{-1}$。

④ 紫外检测器：检测波长为 270 nm。

⑤ 进样量：$20~\mu L$。

2. 操作步骤

① 打开液相色谱工作站，设置实验参数。

② 用微量进样器依次从低浓度到高浓度吸取对苯二酚标准溶液，测得保留时间和峰面积（或峰高）。

③ 用微量进样器吸取待测水样，测得保留时间和峰面积（或峰高）。

④ 以标准样品峰面积或峰高对浓度作标准曲线。

⑤ 在标准曲线上求出待测水样中对苯二酚的浓度。

⑥ 实验结束后，按要求关闭仪器。

3. 数据处理

① 用表格列出标准样品和待测水样的保留时间、峰面积（或峰高）。

② 以保留时间推定出待测水样中某峰为对苯二酚。

③ 在坐标纸上画出标准样品的标准曲线（峰高-浓度）。

④ 对待测水样中对苯二酚的浓度进行计算。

五、实验结果

记录实验数据于表 3-3-3 中。

表 3-3-3　不同浓度标准样品溶液和待测水样的保留时间和响应值

浓度	40.00 $\mu g \cdot mL^{-1}$	60.00 $\mu g \cdot mL^{-1}$	80.00 $\mu g \cdot mL^{-1}$	100.00 $\mu g \cdot mL^{-1}$	待测水样
保留时间					
峰面积					

六、注意事项

① 操作前要进行脱气，进行排空。

② 如果长时间放置，需用 100％醇作为流动相进行封柱，流速为 $0.5~mL \cdot min^{-1}$。

七、思考题

① 如果检测时忘记开柱温箱，对检测结果有何影响？

② 为什么实验结束后色谱柱需要用100％甲醇进行封柱？

实验 3-4　可乐中咖啡因含量的测定

一、实验目的

① 掌握高效液相色谱仪的基本结构和使用方法。

② 掌握高效液相色谱法进行定量分析的依据。

二、实验原理

咖啡因又称咖啡碱，属黄嘌呤衍生物，化学名称为1,3,7-三甲基黄嘌呤，是从茶叶或咖啡中提取的一种生物碱。它能兴奋大脑皮层，使人精神亢奋。各国规定了咖啡因在饮料中的食品卫生标准，我国仅允许咖啡因加入可乐型饮料中，其中添加量不得超过 $150\ mg \cdot L^{-1}$。咖啡因在咖啡中的含量约为 $1.2\% \sim 1.8\%$，在茶叶中约为 $2.0\% \sim 4.7\%$。可乐饮料、止痛药片等均含咖啡因。咖啡因的甲醇溶液在270 nm 处有吸收，可通过反相高效液相色谱-紫外检测器测定其含量。咖啡因的分子式为 $C_8H_{10}O_2N_4$，结构式如图 3-3-1 所示。

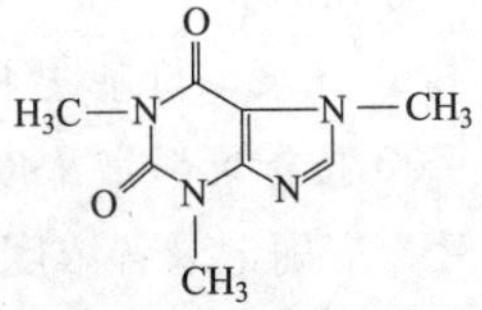

图 3-3-1　咖啡因的化学结构式

色谱法具有高效、快速、灵敏的特点，与气相色谱相比，液相色谱的最大特点是可以分离不挥发且具有一定溶解性的物质或受热后不稳定的物质，而这类物质在已知化合物中占有相当大的比例。

本实验采用外标校正曲线法对可乐中的咖啡因进行定量分析，即通过测定一系列已知浓度的咖啡因标准样品，记录其响应值（保留时间、峰高和峰面积），以峰面积对标准样品浓度作标准曲线，然后在相同的色谱条件下，测出可乐样品中咖啡因的响应信号，该值应该落在标准曲线范围内，由标准曲线算出其浓度。

三、仪器与试剂

仪器：高效液相色谱仪（HPLC）。

试剂：咖啡因（$40.00\ \mu g \cdot mL^{-1}$、$80.00\ \mu g \cdot mL^{-1}$、$120.00\ \mu g \cdot mL^{-1}$、

$160.00~\mu g \cdot mL^{-1}$、$200.00~\mu g \cdot mL^{-1}$）的标准甲醇溶液；可乐。

四、实验步骤

1. 实验条件

① 色谱柱：反相 C_{18} 柱；$4.6~mm \times 15~cm$。

② 流动相：甲醇水溶液（甲醇：水＝50：50），流量为 $1.2~mL \cdot min^{-1}$。

③ 紫外检测器：检测波长为 270nm。

④ 进样量：$20~\mu L$。

⑤ 柱温：38 ℃。

2. 操作步骤

① 依次打开以下电源：LC 泵、检测器、柱温箱、电脑。

② 打开工作站 LabSolution，进入测定界面。

③ 排空气。将仪器上的黑色排空阀旋钮逆时针旋转 90°，按【Purge】键，此时泵显示面板显示"Purging LINE"，等待 3 min 排空自动结束。将黑色旋钮顺时针旋转 90°关闭排空阀。

④ 设定参数（结束时间 6 min、等浓度洗脱、流速 $1.2~mL \cdot min^{-1}$、检测波长 270 nm）。

⑤ 开泵，待基线平稳后，开始检测。

⑥ 按标准溶液浓度递增的顺序，由稀到浓依次用微量进样器吸取 $25~\mu L$，进样后，准确记录各浓度标准溶液的保留时间、峰高和峰面积。

⑦ 用微量进样器吸取可乐，以同样的方法测得保留时间、峰高和峰面积。

⑧ 以标准物质的峰面积对浓度作标准曲线。

⑨ 根据可乐样品峰面积在标准曲线上计算出其中咖啡因的浓度。

⑩ 实验结束后，按要求关闭仪器。

五、实验结果

① 记录实验数据于表 3-3-4。

表 3-3-4　实验数据记录表

试样	40.00 $\mu g \cdot mL^{-1}$	80.00 $\mu g \cdot mL^{-1}$	120.00 $\mu g \cdot mL^{-1}$	160.00 $\mu g \cdot mL^{-1}$	200.00 $\mu g \cdot mL^{-1}$	可乐
保留时间						
峰面积						

② 绘制咖啡因峰面积-质量浓度标准曲线，并计算回归方程和相关系数。

③ 根据可乐中咖啡因的峰面积值，由标准曲线计算可乐中咖啡因的质量

浓度。

六、注意事项

① 饮料试样必须经过脱气、过滤处理，不能直接进样。因为直接进样虽然操作简单，但会影响色谱柱的寿命。

② 试样需要冷藏保存。

七、思考题

① 在外标法定量中，哪些因素影响定量的准确性？

② 色谱定量分析的依据是什么？

③ 可乐试样是否需要超声脱气？为什么？

实验 3-5　高效液相色谱法测定中药材赤芍中芍药苷的含量

一、实验目的

① 掌握利用高效液相色谱法检测分析中药中有效成分的实验方法。

② 掌握 HPLC 检测中药材样品前处理的一般方法。

③ 熟悉中药赤芍中有效成分芍药苷定量分析的方法。

二、实验原理

中药赤芍是毛茛科植物芍药或川赤芍的干燥根，在神农本草经和历代医籍文献中均有记载，其功效为清热凉血、祛瘀止痛。赤芍中的主要成分为芍药苷，芍药苷具有扩张血管、镇痛镇静、抗炎抗溃疡、解热解痉等作用。

利用高效液相色谱定性、定量分析方法，对中药赤芍进行检测分析。在相同色谱条件下，以芍药苷标准品的保留时间判断赤芍样品中芍药苷的色谱峰，再以不同浓度芍药苷标准品的峰面积（或峰高）作标准曲线，峰面积（或峰高）为纵坐标、浓度为横坐标，在标准曲线上计算出赤芍样品中芍药苷的浓度，最终算出赤芍样品中芍药苷的含量。

三、仪器与试剂

仪器：高效液相色谱仪（HPLC）。

试剂：甲醇-0.05 mol·L^{-1}磷酸二氢钾水溶液（体积比 30∶70）、甲醇（色谱纯)、芍药苷标准品、中药赤芍样品。

四、实验步骤

1. 实验条件

① 色谱柱：反相 C_{18} 柱；$4.6\ mm\times15\ cm$。

② 流动相：甲醇-$0.05\ mol\cdot L^{-1}$ 磷酸二氢钾水溶液（体积比 $30:70$），流速为 $1.0\ mL\cdot min^{-1}$。

③ 紫外检测器：检测波长为 230 nm。

④ 进样量：$20\ \mu L$。

⑤ 柱温：35 ℃。

2. 标准品溶液的制备

精确称取在五氧化二磷减压干燥器中干燥 36 h 的芍药苷标准品 4.00 mg，以甲醇（色谱纯）作为溶剂，配成浓度为 $0.40\ mg\cdot mL^{-1}$ 的标准品溶液，分别取 1.00 mL、1.50 mL、2.00 mL、2.50 mL、3.00 mL、3.50 mL 于 10mL 容量瓶中，用甲醇定容至刻度，摇匀，即得到浓度（$\mu g\cdot mL^{-1}$）为 40.00、60.00、80.00、100.00、120.00、140.00 的标准品溶液。

3. 供试品溶液的制备

精确称取赤芍粗粉 0.1000 g，置于 50 mL 具塞锥形瓶中，加入 35 mL 甲醇（色谱纯），称定质量，浸泡 4 h，超声处理 20 min，静置 20 min，冷却，再称定质量，用甲醇补足减失的质量，摇匀，用 $0.45\ \mu m$ 的微孔滤膜过滤，即得供试品溶液，备用。

4. 操作步骤

① 打开液相色谱工作站，设置实验参数；

② 用微量进样器依次从低浓度到高浓度吸取芍药苷标准品溶液，测得保留时间和峰面积（或峰高）；

③ 用微量进样器吸取供试品溶液，测得其所有峰的保留时间和峰面积（或峰高）；

④ 将供试品溶液所有峰的保留时间与标准品溶液的保留时间对比，推断供试品溶液中芍药苷成分的色谱峰，并记录其保留时间和峰面积（或峰高）；

⑤ 以标准品溶液峰面积或峰高对浓度作出芍药苷标准曲线；

⑥ 在芍药苷标准曲线上计算出供试品溶液中芍药苷的浓度；

⑦ 计算出供试品赤芍中芍药苷的含量；

⑧ 实验结束后，按要求关闭仪器。

五、实验结果

记录实验数据于表 3-3-5。

表 3-3-5　实验数据记录表

试样	40.00 μg·mL^{-1}	60.00 μg·mL^{-1}	80.00 μg·mL^{-1}	100.00 μg·mL^{-1}	120.00 μg·mL^{-1}	140.00 μg·mL^{-1}	未知样品
保留时间							
峰面积							

六、注意事项

① 标准品使用前需要干燥处理。

② 实验结束后需要先用 10％甲醇溶液以 1.0 mL·min^{-1} 冲洗柱子 40 min，然后换成 30％甲醇溶液以 1.0 mL·min^{-1} 冲洗柱子 20 min，最后用 100％甲醇液封。

七、思考题

① 用甲醇-0.05 mol·L^{-1} 磷酸二氢钾水溶液（体积比 30∶70）作流动相后，为什么不能直接用 100％甲醇冲洗柱子？

② 如果标准品未经过干燥处理直接使用，对实验结果有何影响？

第 4 章

原子发射光谱实验

4.1 基本原理

光学分析法是根据物质发射/吸收的电磁辐射或电磁辐射与物质的相互作用而建立起来的一类分析方法。光学分析法可分为光谱法（spectrometric method）和非光谱法（non-spectrometric method）两大类。

光谱法是基于测量辐射的波长与强度的一类方法，涉及能级的跃迁。根据光谱表现形式的不同，光谱法又可分为原子光谱和分子光谱。原子光谱由原子内层或外层电子能级的变化产生，表现为线状光谱，如原子吸收光谱 AAS、原子发射光谱 AES 等；分子光谱由分子中电子能级、振动和转动能级的变化产生，表现为带状光谱，如紫外吸收光谱 UV、红外吸收光谱 IR、荧光等。非光谱法是基于当电磁波和物质相互作用时，电磁波改变了方向和物理性质，如折射、反射、散射、干涉、衍射和偏振等现象，包括折射法、干涉法、旋光测定法、浊度法、X 射线衍射法等。

物质由同种或不同种原子组成，每种原子都有一定的结构。在一定条件下，气态原子能够从外界获得一定能量而被激发，辐射出波长不连续的光谱，称为原子光谱。长期以来，人们通过观察和研究物质所发射的原子光谱，揭示了谱线产生的规律，阐述了谱线强度理论，并通过测量原子光谱的波长和强度进行物质成分的分析。因此，原子光谱的产生和谱线强度理论，是光谱定性、定量分析的理论依据。量子力学认为，原子光谱的产生，是原子发生能级跃迁的结果，而跃迁概率的大小则影响谱线的强度，并决定了跃迁规则。

原子的核外电子一般处在基态运动，当获取足够的能量后，会从基态跃迁到激发态，激发态不稳定（寿命小于 10^{-8} s），迅速回到基态时，会释放出多余的能量，若此能量以电磁辐射（光）的形式出现，就得到了发射光谱。

$$\Delta E = E_2 - E_1$$

$$\Delta E = h\nu = h\frac{c}{\lambda}$$

式中，E_2 为较高能级的能量；E_1 为较低能级的能量；h 为普朗克常数（6.626×10^{-34} J·s）；λ 为谱线的波长；ν 为谱线的频率；c 为光速（3×10^{10} cm·s^{-1}）。

原子发射光谱，是以电弧、火花等为激发源，使试样的气态原子或离子受到激发，外层电子跃迁至高能态，由于处于激发态不稳定，外层电子会从激发态向低能级跃迁，因此发射出一定强度和一定波长的特征谱线的光。电感耦合等离子体原子发射光谱采用的激发源为等离子体。特征光谱被光学检测器所检测，根据该特征谱线波长及光强度，即可测得试样中待测元素的含量，如图 4-1-1 所示。

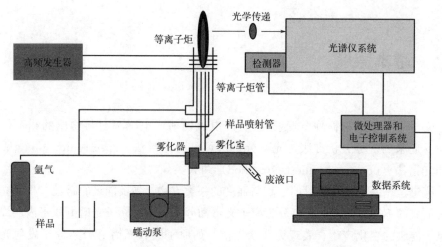

图 4-1-1　电感耦合等离子体发射光谱仪结构示意图

电感耦合等离子体发射光谱仪（inductively coupled plasma atomic emission spectrometry，ICP-AES）在 20 世纪 70 年代被开发出来后就一直处于分析领域的核心地位。其采用等离子体激发源，等离子体可以达到 8000 K 的高温，并具有更低的反应性化学环境，可以分析其他技术难以分析的样品。电感耦合等离子体原子发射光谱法可以同时测定多种元素，具有灵敏度高、干扰少、样本量小、线性范围宽、定量分析准确、检出限低等优点，而且检测速度快且稳定，可以检测元素周期表中几乎所有的元素。利用原子发射光谱定性分析，可以确定某种元素的存在，通过辨认几条灵敏线和最后线，判断该元素是否存在。

ICP-AES 可用于地质、环保、化工、生物、医药、食品、冶金、农业等领域样品中七十多种金属元素和部分非金属元素的定性、定量分析。其主要特点有：

① 高效稳定，可以连续快速多元素测定，精确度高。

② 中心汽化温度高达 10000 K，可以使样品充分汽化，有很高的准确度。

③ 工作曲线具有很好的线性关系并且线性范围广。

④ 与计算机软件结合，全谱直读结果，方便快捷。

4.2　主要仪器

4.2.1　电感耦合等离子体发射光谱仪的使用方法

4.2.1.1　确认实验条件

① 室内温度达到 19～25 ℃且温度波动小于 2.5 ℃·h^{-1}，湿度为 20%～

80%。确认氩气供应充足，分压调至 0.55～0.6 MPa。

② 确认冷却循环水水量充足，打开冷却循环水，查看水压（0.2～0.6 MPa）及温度是否正常。

③ 打开排风设备。

4.2.1.2　点燃等离子体

① 确认仪器主机已开启，双击仪器控制软件 Qtegra，打开软件控制界面。

② 确保将排放管放在敞口的容器中，将样品管置于空白溶液中，确认所有联锁正常，除检测器温度外全部亮绿灯后，可以点火。点火成功后软件提示 Success。建议仪器在点火后稳定 30 min。

4.2.1.3　建立 LabBooks

① 在"LabBooks"界面可以编辑实验方法。在"Evalution"中选择"eQuant"为常规定量方法编辑模式。点击"Create"创建新的实验方法。

② 按步骤设置如下参数："Analytes"—"Full Frames"—"Acqusition Parametes"—"Standards"—"Quanlification"—"Manual Sample Control"—"Sample List"。设置完成后，保存参数。

4.2.1.4　开始采集数据

点击任务栏中三角形绿色按钮运行图标，仪器会自动将该方法加入下方schedule中进行排队。

4.2.1.5　数据结果导出

使用 report 模板。得到数据报告，该报告可导出为 PDF 文件，还可以导出数据至 Excel。

4.2.1.6　关机

实验结束后，用1%硝酸或去离子水冲洗进样系统 10～15 min，冲洗干净后，双击仪器控制软件 Qtegra，按软件提示关闭等离子体，并松开蠕动泵泵夹。等离子体熄灭后，等待 2 min 左右关闭冷却循环水，再等待 15 min 左右关闭氩气。最后关闭排风。

4.2.2　电感耦合等离子体发射光谱仪的使用注意事项

① 开关氩气原则。在启动光谱仪前 1 h 打开氩气瓶，分别调节两瓶气体使分压表压力到 0.60～0.65 MPa，吹扫光室和 CID 检测器；在熄火后，不要马上关掉氩气，必须继续开气吹扫 CID 20 min 后才可关掉氩气瓶。

② 定期清洗炬管。一般在炬管变脏后（表面变黑时）须拆卸下来，用8%～

10%的稀硝酸浸泡 2～3 h，然后用去离子水冲洗干净，晾干装上。

③ 定期更换冷却循环水，经常开机情况下，一般半年至一年需要对冷却循环水进行更换，一定要用蒸馏水，防止结垢。

④ 样品测定完成后，先用 3%～5%的稀硝酸冲洗 2～3 min，然后再用去离子水冲洗 2～3 min 后熄灭等离子体，松开泵夹。

⑤ 点火分析前确保驱气时间大于 1 h，以防止 CID 检测器结霜，造成 CID 检测器损坏。

⑥ 定量测定时光室温度须达到并稳定在（38±0.2）℃。CID 温度小于−40 ℃时，点火 15 min 后测定。

⑦ 检查雾化器，看是否有堵塞现象，及时清洁雾化器、中心管，定期更换泵管，未点火期间保持泵夹松弛。

⑧ 样品必须清亮透明，否则容易堵塞雾化器；万一雾化器堵塞，绝不能用金属丝清理异物。

⑨ 遇停气熄火，应立即更换供气，让 CID 在常温（20 ℃左右）状态下吹扫 2～4 h 后，方可重新点火分析测定。切不能更换新气源后立即点火分析。

4.3　典型实验

实验 4-1　等离子体原子发射光谱法测自来水的硬度

一、实验目的

① 熟悉原子发射光谱分析和标准曲线法的基本原理及应用。
② 掌握用标准曲线法测定自来水中钙、镁含量的方法。
③ 掌握电感耦合等离子体发射光谱仪的操作技术。

二、实验原理

根据赛博-罗马金公式：

$$I = ac^b$$

进行定量分析，单元素浓度很低时，自吸现象可忽略不计，即 $b=1$，通过测量待测元素特征谱线的强度即可计算得到其浓度。

水硬度主要分为钙硬度和镁硬度。水中 Ca^{2+} 的含量称为钙硬度，而水中 Mg^{2+} 的含量称为镁硬度。因此水硬度的测定指的是测试水中钙、镁离子的含量。

三、仪器与试剂

仪器：ICP-AES 电感耦合等离子体发射光谱仪。

试剂：钙标准溶液（100 $\mu g \cdot mL^{-1}$）、镁标准溶液（100 $\mu g \cdot mL^{-1}$）、氩气（99.99％）；待测水样品。

四、实验步骤

1. 标准溶液的配制

采用去离子水对钙、镁标准溶液稀释不同倍数后分别得到不同元素含量的系列标准溶液。配制钙、镁系列标准溶液浓度分别为 0.10 $\mu g \cdot mL^{-1}$、0.50 $\mu g \cdot mL^{-1}$、1.00 $\mu g \cdot mL^{-1}$、5.00 $\mu g \cdot mL^{-1}$、15.00 $\mu g \cdot mL^{-1}$。

2. ICP-AES 调试初始化及方法设置

预先打开空气压缩机、循环水、高纯氩气及通风设备，开机进行预热。点好等离子炬后进行光学初始化，初始化通过后方能准备测试。

设定测试方法，预设好标准溶液浓度。分析谱线为 Ca 393.336 nm、Mg 279.553 nm。在进样之前，先用去离子水清洗管路，调节读数至零点。然后按照浓度由低到高的顺序，依次测定钙、镁系列标准溶液，记录不同浓度标准溶液对应的光谱强度。

3. 标准曲线的绘制

以元素浓度为横坐标，光谱强度为纵坐标，绘制标准曲线，得到的标准曲线通过零点，线性相关系数须高于 0.999。

4. 样品的测试

测试自来水样，记录光谱强度，由标准曲线得到对应的元素含量，并对结果进行分析。

五、实验结果

记录于表 4-3-1。

表 4-3-1　水中钙、镁元素的含量

元素名称	分析线波长/nm	谱线强度	浓度
Ca	393.336	1 2 3	
Mg	279.553	1 2 3	

六、注意事项

① 实验过程中涉及高压和高电流操作，需注意安全；

② 实验结束后，关机操作时，需先用去离子水清洗进样系统，再降低水压，熄灭等离子体，最后关闭冷却气。

七、思考题

① 原子发射光谱定性及定量分析的原理是什么？

② ICP 光源由哪几部分组成？各部分的作用是什么？

实验 4-2　等离子体原子发射光谱法检测人发中微量元素

一、实验目的

① 熟悉 ICP-AES 的原理和基本操作方法。

② 掌握定性、定量分析的方法和原理。

③ 学会 ICE-AES 样品前处理技术。

二、实验原理

等离子体原子发射光谱法（ICP-AES）具有灵敏度高、操作简便及精确度高的特点，且可以同时测定试样中多种金属及半金属元素。利用原子发射光谱定性分析可以确定某种元素的存在，通过辨认几条灵敏线和最后线，判断该元素是否存在。根据赛博-罗马金公式进行定量分析，单元素浓度很低时，自吸现象可忽略不计，即 $b=1$，通过测量待测元素特征谱线的强度即可计算得到其浓度。

ICP 光源与传统光源相比具有好的检出限。溶液光谱分析一般元素检出限都很低；ICP 稳定性好，精密度高，相对标准偏差约 1%；基体效应小；光谱背景小；准确度高，相对误差为 1%，干扰少；自吸效应小；分析线性范围宽；众多元素可同时测定。其缺点是对非金属测定的灵敏度低。

微量元素在人体中的含量不仅能够作为健康状况的指标，还可以反映出环境对机体的影响。用头发作为人体微量元素检测的样本具有取样容易、保存便捷等特点。本实验针对人发中 Zn、Fe、Cu、Mn、Cd 等元素进行测量，采用 HNO_3-H_2O_2 湿法消解。

三、仪器与试剂

仪器：ICP-AES 电感耦合等离子体发射光谱仪。

试剂：锌标准溶液（1000 $\mu g \cdot mL^{-1}$）、铁标准溶液（1000 $\mu g \cdot mL^{-1}$）、铜标准溶液（1000 $\mu g \cdot mL^{-1}$）、锰标准溶液（1000 $\mu g \cdot mL^{-1}$）、镉标准溶液（1000 $\mu g \cdot mL^{-1}$）、浓硝酸（分析纯）、过氧化氢溶液、氩气（99.99%）、超纯水、待测头发样品。

四、实验步骤

1. 样品实验前处理

将头发剪成 1 cm 小段，用洗发水清洗至无泡沫，再用去离子水清洗后，置于 100 ℃ 烘箱中烘干。称取试样 0.5 g，置于小烧杯中，加入浓硝酸 5 mL，加热至 80 ℃ 并充分搅拌溶解，等待试样全部溶解后，升温至 110 ℃ 继续消解 2 h。继续滴加 0.5 mL 过氧化氢溶液和 1 mL 浓硝酸，继续加热，待溶液呈现淡黄色清液，转移至 25 mL 容量瓶，加入 5% HNO_3 溶液，用去离子水稀释、定容。

2. 空白溶液的配制

取 50 mL 容量瓶，加入上述 5 种元素的标准溶液各 5 mL，用 5% HNO_3 溶液稀释至刻度，摇匀备用。

3. 标准溶液的配制

取 25 mL 容量瓶，分别移取上述空白溶液 1.00 mL、2.00 mL、3.00 mL、4.00 mL、5.00 mL，用 5% HNO_3 稀释至刻度，摇匀定容。

4. 样品测定

根据仪器操作规程开启仪器，设定分析测试条件，将配制的标准溶液和待测溶液上机测试。

5. 测试条件

分析线：Zn 312.856 nm、Fe 238.204 nm、Cu 324.754 nm、Mn 257.610 nm、Cd 214.438 nm。

冷却气流量：12 $L \cdot min^{-1}$。

载气流量：0.3 $L \cdot min^{-1}$。

护套气：0.2 $L \cdot min^{-1}$。

6. 按照操作规程关机

五、实验结果

将测试的谱线强度填入表 4-3-2，绘制谱线强度-浓度曲线，根据曲线计算各元素的含量。

表 4-3-2　谱线强度记录表

元素	Zn	Cd	Fe	Mn	Cu
空白溶液					
标准溶液 1					
标准溶液 2					
标准溶液 3					
标准溶液 4					
标准溶液 5					
待测样品					

六、思考题

① 与经典的原子发射光谱分析相比，ICP 光谱法有哪些优点？

② 选择待测元素的分析线应考虑哪些因素？

第 5 章
原子吸收光谱实验

5.1 基本原理

物质由同种或不同种原子组成,每种原子都有一定的结构。在一定条件下,气态原子能够从外界获得一定能量而被激发,辐射出波长不连续的光谱,称为原子光谱。长期以来,人们通过观察和研究物质所发射的原子光谱,揭示了谱线产生的规律,阐述了谱线强度理论,并通过测量原子光谱的波长和强度进行物质成分的分析。所以,与原子光谱分析法直接相关的原子光谱理论,主要指原子光谱的产生和谱线强度理论,这就是光谱定性、定量分析的理论依据。

原子吸收是基于物质所产生的原子蒸气对特定谱线(通常是待测元素特征谱线)的吸收作用来进行定量分析的一种方法。发射光谱是基于原子发射的现象,它们是互相联系的两种相反的过程。原子吸收光谱工作过程示意如图 5-1-1 所示。如测定试液中镁离子的含量,先将试样喷射成雾状进入原子化系统的火焰中,在火焰高温下挥发并解离成镁原子蒸气,再用镁的空心阴极灯作光源,辐射出波长为 285.2 nm 的镁的特征谱线,当光线通过镁原子蒸气时,部分光被蒸气中的镁原子吸收而减弱,通过单色器和检测器测定被吸收的镁原子特征谱线的波长和强度,即可测定出镁的含量。

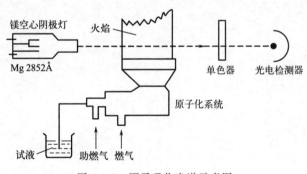

图 5-1-1　原子吸收光谱示意图

5.2 主要仪器

5.2.1 火焰原子吸收光谱仪的一般操作方法

原子吸收光谱分析法是测量痕量金属元素的有效手段,不仅可以测定金属元素，而且也可以用间接法测定非金属元素和有机化合物。该仪器的显著特点是灵敏度高、准确性好、分析速度快、应用广泛。下面以岛津 AA-6300 型火焰原子吸收光谱仪为例说明其一般操作流程。

5.2.1.1 开机前准备

① 检查电源和乙炔气瓶压力。

② 打开空压机电源，调节输出压力为 0.35 MPa。

5.2.1.2 开机操作

(1) 登录软件

双击 WizAArd 图标，在窗口选择【操作】，然后双击 AA-6300 图标。

(2) 选择向导

在【向导】里选择【元素选择】图标，单击【确定】。

(3) 选择元素

在【元素选择】页右上角点击【选择元素】，出现【装载参数】界面。在元素名称栏中直接输入元素符号，也可在周期表中选择元素，还可通过键盘输入。选定元素后，右侧对话框中会显示仪器自动默认的仪器参数（如波长、灯电流、燃烧器高度、燃气类型等）。选择【火焰连续法】、【普通灯】，如使用自动进样器，则也选中【使用 ASC】，然后点击【确定】。点击【编辑参数】后，出现【光学参数】界面。在此界面中单击【灯位设定】，输入与各灯座号相应的灯【元素】和【灯类型】（选择普通），单击【确定】，返回【编辑参数】里的【光学参数】，设定【灯座号】，单击【确定】。点灯方式（发射、D_2 校背等）在此界面中还可设定灯电流和狭缝，点击【原子化器】可见【气体流量】，可设置燃气流量和助燃气流量，点击【原子化器位置】设置燃烧器高度。点击【下一步】进入制备参数界面。

(4) 制备参数设定

单击【校准曲线设置】，设定【次数】为 1 次，【浓度单位】在下拉框里选择，【重复条件】可设定同一样品的重复测量次数，初始值为 1。样品多时，设定周期性空白测量。在【校准曲线的测量次序】中，行数输入标准样品的个数，点击实际值输入各个标准样品的浓度。点击【OK】单击【样品组设置】，输入【重量校正因子】、【定容因子】、【稀释因子】、【校正因子】，【实际浓度单位】在下拉框中选择。右侧输入样品数和样品号。点击【更新】，点击【OK】，进入连接仪器/发送参数界面。

(5) 连接仪器/发送参数

点击【连接/发送参数】，进入自检界面。

(6) 仪器自检

绿色表示连接成功，红色表示连接失败，自检完成后，出现【燃气压力低】

对话提醒，这时打开乙炔钢瓶主阀（逆时针旋转 1~1.5 周），调节旋钮使次级压力表指针指示为 0.1 MPa，完成开气后，点击【确定】进入火焰分析仪器检测列表，把所有选项均勾选"√"，点击【确定】，进入测定界面。

(7) 确认参数设置无误，进行测量

按位于仪器正面的 PURGE 和 IGNITE，点燃火焰。吸入蒸馏水，观察火焰是否正常。火焰预热 15 min 后开始测试样品。待信号趋于稳定后，单击主窗口底部的【自动调零】。吸入空白样品，单击主窗口底部的【扣除空】，此时需要进行谱线搜索/光束平衡，待谱线搜索和光束平衡显示 OK，点击【关闭】后，吸入标准样品，待数值平稳后，单击【开始】进行测量。标准样品测定结束后，在界面右侧显示标准曲线。确认校准曲线如果无误，可进行样品的测定。样品测定前最好重新自动调零、扣空白，然后再进行样品测定。

5.2.1.3 关机操作

测量完成后，吸入蒸馏水 5~10 min 进行清洗。关闭火焰时选择仪器菜单下的【余气燃烧】，将管路中剩余的气体烧尽，然后再关闭仪器电源。关闭空压机电源，将空压机气缸中的剩余气体放空。如果在放气过程中发现有水随着气体喷出，应将空压机气缸充满气后，重新放气，并重复操作，直到将气缸中的水排净为止。关闭排风机电源，退出软件，关闭 PC 电源，关闭光谱仪主机电源。

5.2.1.4 保存数据

保存测得的数据。如需打印，在菜单里的【文件】—【打印数据/参数】或【打印表格数据】里选择，选中需打印的项目，单击【确定】。

5.2.2 石墨炉原子吸收光谱仪的一般操作方法

以岛津 AA-6300 型石墨炉原子吸收光谱仪为例说明其操作一般流程。

5.2.2.1 开机前准备

① 打开 ASC-6100 自动进样器电源；

② 打开 GFA-EX7I 石墨炉电源；

③ 打开氩气钢瓶主阀（完全旋开），调节旋钮使次级压力表指针指示为 0.35MPa；

④ 打开冷却循环水电源。

5.2.2.2 开机操作

(1) 登录软件

双击 WizAArd 图标，在窗口选择【操作】，然后双击 AA-6300 图标。

（2）选择向导

在【向导】里选择【元素选择】图标，单击【确定】。

（3）选择元素

在【元素选择】页面点击【选择元素】，标准条件会自动显示，出现【装载参数】界面。在此界面中，在元素名称栏中直接输入元素符号，也可在周期表中选择元素，还可通过键盘输入。选择【石墨炉法】、【普通灯】，使用【ASC】。然后点击【确定】。点击【编辑参数】后，出现【光学参数】界面。在此界面中单击【灯位设定】，输入与各灯座号相应的灯【元素】和【灯类型】（选择普通），单击【确定】，返回【编辑参数】里的【光学参数】，设定【灯座号】，单击【确定】。点灯方式有发射、D_2 校背等，在此界面中还可设定灯电流和狭缝，点击【原子化器】可见【气体流量】，可设置燃气流量和助燃气流量，点击【原子化器位置】设置燃烧器高度。点击【下一步】进入制备条件页面。

（4）制备条件设定

单击【校准曲线设定】，设定【次数】为 1 次，【浓度单位】在下拉框里选择，【重复条件】可设定同一样品的重复测量次数，初始值为 2。【制备条件的通用设定】中可设定【混合】、【混合条件】、【重复条件】、【富集循环】等。样品多时，设定周期性空白测量。在【校准曲线的测量次序】中输入标准样品的个数及设定浓度。

单击【样品组设定】，输入【重量校正因子】、【定容因子】、【稀释因子】、【校正因子】，【实际浓度单位】在下拉框中选择。输入样品数和样品号。点击【更新】，点击【OK】，进入连接仪器/发送参数界面。

（5）连接仪器/发送参数

点击【连接/发送参数】，进入自检界面。

（6）仪器自检

绿色表示连接成功，红色表示连接失败，自检完成后，点击【确定】。

（7）升温程序设定

根据选择的元素显示标准条件的升温程序。通常为 7 个阶段，采样阶段号为 6。

（8）确认参数设置无误，结束向导，显示主窗口，进行测量

打开 GFA 的加热开关，在开始测量前，单击【测量】一次，校正温度。温度校正完成后，将出现"注入样品"的提示信息，采用微吸管将样品注入石墨管里，样品注入结束后，单击信息对话框中的【确定】。

5.2.2.3 关机操作

退出软件，关闭电脑，关闭石墨炉加热开关、石墨炉电源开关，关闭冷却循环水装置，关闭氩气钢瓶主阀，关闭光谱仪主机电源。

5.2.2.4　保存数据

选择【文件】菜单下【打印】数据/参数将参数、数据、相关的图谱同时打印出来。选择【文件】菜单下的【打印】表格数据将工作表中的内容打印出来。

5.2.3　原子吸收光谱仪的维护与保养

(1) 空心阴极灯的保养

在插、拔空心阴极灯时应握灯座，不允许用手接触透光窗，以防沾污。长期不使用的灯建议半年点燃一次。

(2) 燃烧头的清洗

在每次测定完成之后应用蒸馏水喷雾 5 min 左右，以冲洗测定时沾在燃烧头及雾室中的酸液及盐类。在进样之前要保证样品澄清，如发现火焰呈锯齿、缺口等不规则形状，可用纸片清理燃烧头缝隙中的杂物。若堵塞严重时，可取下燃烧头清洗。

(3) 雾化器的维护

当出现吸光度明显降低或吸样速度缓慢时，有可能是雾化器被堵，此时可使用随仪器带的细丝轻轻疏通。

5.2.4　原子吸收光谱分析样品的前处理方法

(1) 稀释法

用纯水、稀酸、有机溶剂直接稀释样品。只适用于均匀样品，例如排放水、电镀液、润滑油等。

(2) 干式灰化分解法

在马弗炉中加热样品，使之灰化。注意低沸点元素 Hg、As、Se、Te、Sb 的挥发。例如食品、塑料、有机物粉末等。

(3) 湿式分解法

将常规酸消化样品＋酸（约 300 ℃）置于烧杯或三角烧瓶中，在电热板或电炉上加热。常规酸消化的优点是设备简单，适合处理大批量样；缺点是操作难度大、试剂消耗量大、每个试样的酸消耗量不等、试剂空白高且不完全一致、消解周期长。

(4) 高压密封罐消解

高压密封罐由聚四氟乙烯密封罐和不锈钢套筒构成。试样和酸放在带盖的聚四氟乙烯罐中，将其放入不锈钢套筒中，用不锈钢套筒的盖子压紧密封聚四氟乙烯罐的盖子，放入烘箱中加热。加热温度一般在 120～180 ℃。聚四氟乙烯罐的壁较厚，导热慢，一般要加热数小时。

停止加热后必须冷却后才能打开。溶剂：硝酸；硝酸＋过氧化氢。酸消耗量小，试剂空白低，试样消解效果好，金属元素几乎不损失，环境污染小，但分解周期长。

（5）微波消解

微波消解也是一种在密封容器中消化的手段。它具有高压密封罐法所有的优点。消解速度比高压密封罐法快得多。试剂消耗量小，金属元素几乎不损失，不受环境污染，空白低。使用硝酸可消化大多数有机样品。但是，微波炉的价格较高，试样处理能力不如干式灰化和常规消化法。

5.3　典型实验

实验 5-1　火焰原子吸收光谱法测定铜最佳条件的选择

一、实验目的

① 学习原子吸收光谱法最佳实验条件选择的方法。
② 掌握火焰原子吸收分光光度计的使用方法。
③ 学习正交实验法的应用。

二、实验原理

原子吸收光谱分析（又称原子吸收分光光度分析）是基于从光源辐射出待测元素的特征光波，通过样品的蒸气时，被蒸气中待测元素的基态原子所吸收，由辐射光波强度减弱的程度，可以求出样品中待测元素的含量。

原子吸收分光光度分析具有快速、灵敏、准确、选择性好、干扰少和操作简便等优点。在原子吸收测定中，实验条件（包括燃气与助燃气的流量比、灯电流、狭缝宽度以及火焰高度等）的选择直接影响测定的灵敏度、准确度、精密度和方法的选择性。

1. 火焰高度

火焰的部位不同，其温度和还原气氛不同，因而被测元素基态原子的浓度随火焰高度的不同而不同。在实验中通过改变燃烧器高度并测定吸光度，以吸光度最大时的燃烧器高度为最佳燃烧器高度。

2. 灯电流

灯电流过大，易产生自吸作用，导致谱线变宽、测定灵敏度降低、工作曲线弯曲、灯的寿命减小。降低灯电流，谱线变窄，测定灵敏度高，但是灯电流过低会导致发光强度减弱、阴极发光不稳定，因而谱线信噪比降低。一般原则是在保证稳定和适当的光强输出的情况下，尽可能选择较低的灯电流。

3. 狭缝宽度

狭缝较窄，灵敏度较高，但噪声较大，信噪比不一定高。对许多元素来说，为了得到最大信噪比、较高的灵敏度以及较宽的校正曲线，在不同狭缝宽度下测定吸光度，吸光度最大的狭缝宽度为最佳狭缝宽度。

4. 燃气与助燃气的流量比

助燃比不同，火焰温度和性质不同，因而元素的原子化程度也不同。通常固定空气流量，改变燃气流量来改变助燃比。在不同助燃比时测定吸光度，吸光度最大的助燃比为最佳助燃比。

三、仪器与试剂

仪器：原子吸收分光光度计、空气压缩机、铜空心阴极灯。

试剂：纯铜粉、浓盐酸、H_2O_2。

四、实验步骤

1. 试验溶液的配制

（1）标准溶液 Ⅰ

准确称取 1.0000 g 纯铜粉于 100 mL 烧杯中，加浓盐酸 5 mL，缓慢滴加 H_2O_2，使其完全溶解。用小火加热赶出多余的 H_2O_2，冷却后转移至 1000 mL 容量瓶中，用去离子水定容，得到标准溶液 Ⅰ，其浓度为 1.0 mg·mL^{-1}。

（2）标准溶液 Ⅱ

取标准溶液 Ⅰ 5.00 mL 于 100 mL 容量瓶中，用去离子水定容，得到标准溶液 Ⅱ，浓度为 50 μg·mL^{-1}。

（3）铜使用液

取标准溶液 Ⅱ 5.00 mL 于 100 mL 容量瓶中，用去离子水定容，得到铜使用液，浓度为 2.5 μg·mL^{-1}。

2. 最佳实验条件的选择

用铜使用液进行最佳实验条件的选择。

① 正交试验因素与水平 $L3^3$（3 因素 3 水平），见表 5-3-1。

表 5-3-1　正交试验因素与水平

水平	因素		
	A. 灯电流/mA	B. 狭缝宽度/nm	C. 火焰高度/nm
1	6	0.2	4
2	8	0.7	8
3	12	0.7L	12

② 正交试验方案排列，见表 5-3-2。

表 5-3-2　正交试验方案排列表

实验号	因素		
	A. 灯电流	B. 狭缝宽度	C. 火焰高度
1	1	1	1
2	1	2	2
3	1	3	3
4	2	1	3
5	2	2	1
6	2	3	2
7	3	1	2
8	3	2	3
9	3	3	1

③ 正交试验结果分析，见表 5-3-3。

表 5-3-3　正交试验结果分析表

实验号	A. 灯电流	B. 狭缝宽度	C. 火焰高度	吸光度值
1	1(6 mA)	1(0.2)	1(4 nm)	X_1
2	1(6 mA)	2(0.7)	2(8 nm)	X_2
3	1(6 mA)	3(0.7 L)	3(12 nm)	X_3
4	2(8 mA)	1(0.2)	3(12 nm)	X_4
5	2(8 mA)	2(0.7)	1(4 nm)	X_5
6	2(8 mA)	3(0.7 L)	2(8 nm)	X_6
7	3(12 mA)	1(0.2)	2(8 nm)	X_7
8	3(12 mA)	2(0.7)	3(12 nm)	X_8
9	3(12 mA)	3(0.7 L)	1(4 nm)	X_9
K_1	$(X_1+X_2+X_3)/3$	$(X_1+X_4+X_7)/3$	$(X_1+X_5+X_9)/3$	
K_2	$(X_4+X_5+X_6)/3$	$(X_2+X_5+X_8)/3$	$(X_2+X_6+X_7)/3$	
K_3	$(X_7+X_8+X_9)/3$	$(X_3+X_6+X_9)/3$	$(X_3+X_4+X_8)/3$	
极差	$K_{最大}-K_{最小}$	$K_{最大}-K_{最小}$	$K_{最大}-K_{最小}$	

表 5-3-3 中极差的大小反映在所选择的因素水平范围内该因素对测定结果影响的程度。极差最大的因素在所选择的因素水平范围内对测定结果的影响最大，在测试过程中必须严格控制。

最佳实验条件的确定：对每一个因素，选择 K 值最大的水平为最佳条件。如：对于因素 A 灯电流，若 $K_2 > K_1 > K_3$，即 K_2 最大，根据因素与水平表中的设计，其水平为 8mA。表明 8mA 为最佳的空心阴极灯工作电流。对于因素 B，K_2 最大，对于因素 C，K_3 最大。根据上述实验，选择的最佳实验条件为 $A_2 B_2 C_3$。如果此条件在 9 个实验号中，则此条件为最佳实验条件，如果此条件不在 9 个实验号中，则需要做验证实验，测定 $A_2 B_2 C_3$（10 号实验）的吸光度值，比较 1～10 号实验的吸光度值，吸光度值最大者为最佳实验条件。

五、实验结果

① 最佳实验条件：灯电流_____mA；狭缝宽度_____nm；火焰高度_____nm。

② 最大影响因素：因为_____极差值最大，所以最大影响因素是_____。

六、注意事项

① 检查乙炔气体装置是否漏气，并注意乙炔压力不能超过要求值；

② 开机时，先开助燃气，后开乙炔气；

③ 关机时，先关乙炔气，后关助燃气；

④ 进样时，摇匀液体；

⑤ 实验完成后，用去离子水清洗 5～10 min。

七、思考题

① 影响原子吸收测定的 4 个因素是什么？

② 火焰高度为何影响原子吸收样品检测的灵敏度？

实验 5-2 火焰原子吸收光谱法测定矿石中铜含量

一、实验目的

① 掌握原子吸收光谱法测定矿石中铜的分析方法。

② 掌握正确使用原子吸收分光光度计的方法。

二、实验原理

原子吸收光谱法是基于从光源发射的被测元素的特征谱线通过样品蒸气时，被蒸气中待测元素的基态原子吸收，由谱线强度的减弱程度求得样品中被测元素的含量。测定时，首先将被测样品处理成溶液，经雾化系统导入火焰中，在火焰原子化器中，经过喷雾燃烧完成干燥、熔融、挥发、离解等一系列变化，使被测元素转化为气态基态原子。

测定时以铜标准系列溶液的浓度为横坐标，以对应的吸光度为纵坐标绘制一条过原点的工作曲线，根据在相同条件下测得的试样溶液的吸光度，即可求出试液中铜的浓度，进而计算出原样中铜的含量。

三、仪器与试剂

仪器：原子吸收分光光度计、空气压缩机、铜空心阴极灯。

试剂：纯铜粉、浓盐酸、浓硝酸。

四、实验步骤

1. 铜标准溶液的制备

准确称取 0.1000 g 纯铜粉于 100 mL 烧杯中，加入 5 mL 浓硝酸溶解，移入 100 mL 容量瓶中，加水稀释至刻度，摇匀。此溶液浓度为 1.0 mg·mL^{-1} 铜标准储备液。

准确移取上述铜标准储备液 5.00 mL 于 100 mL 容量瓶中，用蒸馏水稀释至刻度，摇匀，此溶液浓度为 50 μg·mL^{-1} 铜标准溶液。

2. 标准系列溶液配制

分别准确移取 50 μg·mL^{-1} 铜标准溶液 0.0 mL、1.0 mL、2.0 mL、3.0 mL、4.0 mL 置于 50 mL 容量瓶中，用去离子水稀释至刻度，摇匀。此标准系列铜溶液浓度分别为 0.0 μg·mL^{-1}、1.0 μg·mL^{-1}、2.0 μg·mL^{-1}、3.0 μg·mL^{-1}、4.0 μg·mL^{-1}，与样品溶液同时测定。

3. 样品的处理

准确称取矿物样品 0.10～0.20 g，置于 200 mL 烧杯中，用水润湿，加浓盐酸 15 mL，在通风橱内，置于电热板上加热溶解，待硫化氢气体逸出后，再加硝酸 5 mL，继续加热蒸发至湿盐状，取下冷却，加盐酸 5 mL，加水 10 mL，加热溶解可溶性盐类，取下移入 250 mL 容量瓶中，加蒸馏水稀释至刻度并摇匀，静置澄清。同时对样品空白做同样处理，与标准溶液同时测定。

4. 仪器检测条件

① 波长：324.8 nm；

② 灯电流：6 mA；

③ 狭缝宽度：0.7 nm；

④ 燃烧器高度：7 mm。

五、实验结果

① 记录实验数据于表 5-3-4 中。

表 5-3-4　实验数据记录表

试液	1	2	3	4	5	样品
$c/\mu g \cdot mL^{-1}$	0.0	1.0	2.0	3.0	4.0	
A						

② 绘制标准曲线（以吸光度为纵坐标，质量浓度为横坐标），求得回归方程。

③ 计算未知矿样中铜的含量（以 $\mu g \cdot kg^{-1}$ 表示）。

六、注意事项

① 乙炔为易燃易爆气体，点火前应严格检查乙炔钢瓶是否漏气。

② 吸入样品后，不能急于测定，待吸光度值平稳后，方可点击【开始】进行测定。

七、思考题

① 原子吸收分光光度计测定的原理是什么？

② 为何原子吸收分光光度计的单色器位于原子化器之后？

实验 5-3　火焰原子吸收法测定自来水中的钙含量

一、实验目的

① 了解原子吸收分光光度计的基本结构和使用方法。

② 掌握原子吸收分光光度法的基本原理和定量分析方法。

二、实验原理

将待测元素的分析溶液经喷雾器雾化后在燃烧器的高温下进行试样原子化，使其解离为基态原子，并利用不同金属离子只能吸收某一特征能量的辐射的特性，选择相应的锐线光源的空心阴极灯。光源发射的被测元素的特征谱线通过样品蒸气时，被蒸气中待测元素基态原子吸收，由谱线的减弱程度求得样品中被测元素的含量。在原子吸收测定中，实验条件（包括燃气的流量比、灯电流、狭缝宽度以及火焰高度等）的选择直接影响到测定的灵敏度、准确度、精密度和方法的选择性。

三、仪器与试剂

仪器：原子吸收分光光度计、空气压缩机、钙空心阴极灯。

试剂：无水碳酸钙、盐酸溶液（1 mol·mL^{-1}）。

四、实验步骤

1. 钙标准溶液的配制

准确称取 110 ℃烘干 2 h 的无水碳酸钙 0.2600 g 于 100 mL 烧杯中，用少量纯水润湿，滴加 1 mol·mL^{-1} 盐酸溶液，直至完全溶解，然后把溶液转移到 100 mL 容量瓶中，用水稀释到刻度，摇匀备用，此溶液为浓度 1.0 mg·mL^{-1} 的钙标准储备液。

准确吸取上述钙标准储备液 10.00 mL 于 100 mL 容量瓶中，用水稀释至刻度，摇匀备用，此为 100 μg·mL^{-1} 钙标准溶液。

2. 钙标准溶液系列的配制

准确吸取钙标准溶液（100 μg·mL^{-1}）0.0 mL、2.0 mL、3.0 mL、4.0 mL、6.0 mL，用去离子水定容于 50 mL 容量瓶中。浓度分别为 0.0 μg·mL^{-1}、4.0 μg·mL^{-1}、6.0 μg·mL^{-1}、8.0 μg·mL^{-1}、12.0 μg·mL^{-1}。

3. 样品的制备

吸取自来水 10.00 mL 于 50 mL 容量瓶中，用去离子水定容，摇匀备用。

4. 仪器测定条件

① 波长：422.7 nm；

② 灯电流：10 mA；

③ 狭缝宽度：0.7 nm；

④ 燃烧器高度：7 mm。

五、实验结果

① 记录实验数据于表 5-3-5 中。

表 5-3-5　实验数据记录表

试液	1	2	3	4	5	样品
c/μg·mL^{-1}	0.0	4.0	6.0	8.0	12.0	
A						

② 绘制标准曲线（以吸光度为纵坐标，质量浓度为横坐标），求得回归方程。

③ 计算自来水中钙的含量（以 $\mu g \cdot mL^{-1}$ 表示）。

六、注意事项

① 燃烧头应定期清洗，避免燃烧头堵塞，出现锯齿样火焰。

② 注意仪器光源的放置位置与电脑光源设置位置保持一致。

七、思考题

① 使用原子吸收检测时应注意哪些问题？

② 为何要定期清洗燃烧头？具体方法是什么？

实验 5-4 原子吸收光谱法测定中药中砷的含量

一、实验目的

① 了解原子吸收分光光度计的基本结构和使用方法。

② 掌握氢化物发生-原子吸收光谱法分析的原理和应用。

二、实验原理

硼氢化钾或硼氢化钠在酸性溶液中产生新生态氢，将水样中无机砷还原成砷化氢气体，将其用 N_2 气载入石英管中，以电加热方式使石英管升温至 900～1000 ℃。砷化氢在此温度下分解形成砷原子蒸气，对来自砷光源的特征电磁辐射产生吸收，将测得的样品中砷的吸光度值和标准溶液的吸光度值进行比较，确定样品中砷的含量。（加入碘化钾溶液可消除 Zn^{2+}、Ca^{2+}、Mg^{2+}、Sb^{3+}、Ge^{4+} 和 Cr^{6+} 的干扰；加入抗坏血酸溶液能消除 Se^{4+} 和 V^{5+} 以外的上述离子的干扰；加入硫脲溶液几乎可消除全部离子的干扰。抗坏血酸和硫脲对砷有明显的增感效应。可考虑同时使用上述三种试剂。）氢化物发生装置连接图见图 5-3-1。

三、仪器与试剂

仪器：原子吸收分光光度计、砷空心阴极灯、氢化物发生装置。

试剂：三氧化二砷、硼氢化钾、碘化钾、抗坏血酸、硫脲、盐酸、硝酸、高氯酸、工业氮气（99.9%）。

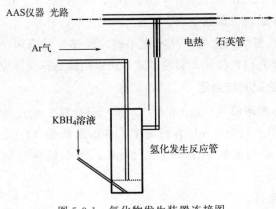

图 5-3-1　氢化物发生装置连接图

四、实验步骤

1. 砷标准溶液的配制（1 μg·mL⁻¹）

精确称取干燥的三氧化二砷 0.1320 g 于烧杯中，加 20％氢氧化钠溶液 5 mL 溶解，再加 10 mL 盐酸溶液（1∶49）中和后，转移至 1000 mL 容量瓶中，用去离子水定容至刻度，此溶液为砷标准储备液（100 μg·mL⁻¹）。

准确吸取上述砷标准储备液 1.00 mL 于 100 mL 容量瓶中，用水稀释至刻度，摇匀备用，此溶液为 1 μg·mL⁻¹ 砷标准溶液。

2. 硼氢化钾溶液（10 mg·mL⁻¹）的配制

称取 2 g 硼氢化钾于 200 mL 烧杯中，加入 0.4 g 氢氧化钠，加入 200 mL 水溶解（保存使用期为 1 周）。

3. 碘化钾（30 mg·mL⁻¹）-抗坏血酸（10 mg·mL⁻¹）和硫脲混合溶液的配制

称取 3.0 g 碘化钾，1.0 g 抗坏血酸和 1.0 g 硫脲，溶于 100 mL 水中，摇匀。

4. 样品处理

① 样品预处理：中药材去杂物后，取样品于 60 ℃干燥 4 h，磨碎过 20～80 目筛，储于塑料瓶中，保存备用。

② 硝酸-高氯酸湿消化法：精密称取 2.00 g 样品于消化瓶中，加入硝酸-高氯酸（4＋1）溶液 15.0 mL，混匀，放置过夜。置于程序电热板上加热消解，缓慢加热，若消解液处理至 10 mL 左右时仍有未分解物质或色泽变深，稍冷，补加硝酸 5～10 mL，再消解至 10 mL 左右观察，如此重复两三次，注意避免炭化。如仍不能消解完全，则加入高氯酸 1～2 mL，继续加热至消解完全后，再持续蒸发至高氯酸的白烟散尽，冷却，加水 5 mL，再蒸发至冒硝酸白烟。冷却，用水

将内容物定量转入 10 mL 比色管中，其间加入 10％硫脲 1.0 mL，补水至刻度并混匀，备测。同样做两份试剂空白。

提示：硝酸-高氯酸消化的样品不能用碘化钾作为还原剂，因为其与高氯酸反应生成高氯酸钾乳白色沉淀，影响测定，所以用硫脲作为还原剂。

5. 校准溶液的配制与测定

精确吸取砷标准溶液（$1\ \mu g \cdot mL^{-1}$）0.0 mL、0.2 mL、0.4 mL、0.6 mL、0.8 mL，分别置于 5 只 100 mL 容量瓶中，各加入盐酸（1∶1）20 mL、3％碘化钾、1％抗坏血酸和硫脲的混合溶液 2 mL，用水稀释至刻度，摇匀，放置 30 min 后测定。

6. 仪器测定条件

① 波长：193.7 nm；

② 灯电流：10 mA；

③ 狭缝宽度：0.7 nm；

④ 氮气流量：$160\ mL \cdot min^{-1}$。

五、实验结果

① 记录实验数据于表 5-3-6 中。

表 5-3-6　实验数据记录表

试液	1	2	3	4	5	样品
$c/ng \cdot mL^{-1}$	0.0	2.0	4.0	6.0	8.0	
A						

② 绘制标准曲线（以吸光度为纵坐标，质量浓度为横坐标），求得回归方程。

③ 计算每公斤中药材中砷的含量，用 $ng \cdot kg^{-1}$ 表示。

六、注意事项

① 三氧化二砷为剧毒药品，用时要注意安全。

② 氮载气流量不应过大，否则会导致水样冲进高温石英管，使其炸裂。

③ 应注意还原剂的选择。

七、思考题

① 简述氢化物发生-原子吸收光谱法测定的原理。

② 非火焰原子吸收法有哪些特点？

③ 在样品处理中加入硫脲有何意义？

实验 5-5　石墨炉原子吸收光谱法测定小麦中的铅含量

一、实验目的

① 了解石墨炉原子吸收光谱法的原理及特点。

② 学习石墨炉原子吸收分光光度计的使用和操作技术。

③ 熟悉石墨炉原子吸收光谱法的应用。

二、实验原理

铅是对人体有害的元素，摄入过量会引起多种疾病，影响人体健康。食品中的铅含量较低，常用石墨炉原子吸收法进行检测。

利用电能转变为热能，使试样中待测元素转化为基态原子的方法，称为电热原子吸收光谱法。石墨炉是其中常用的方法之一，其绝对分析灵敏度可达 10^{-14} g，可用于难熔元素（难挥发性元素及易形成耐熔氧化物的元素）和复杂试样的分析。

石墨炉原子吸收光谱法是一种无火焰原子化的原子吸收光谱法。它是将石墨管升至 2000 K 以上的高温，使管内试样中的待测元素分解形成气态的基态原子，利用基态原子对特征谱线的吸收程度与浓度成正比的特点，进行定量分析。石墨炉原子吸收法克服了火焰原子吸收法雾化及原子化效率低的缺陷，方法的绝对灵敏度比火焰法高几个数量级，试样用量少，还可直接进行固体试样的测定。

三、仪器与试剂

仪器：原子吸收分光光度计、铅空心阴极灯、微波消解系统。

试剂：硝酸铅、硝酸、盐酸、小麦。

四、实验步骤

1. 铅系列标准溶液配制

精确称取无水硝酸铅 1.5980 g，用 0.5 mol·L^{-1} 硝酸溶解并定容配于 1000 mL 容量瓶中，此溶液铅浓度为 1000 μg·mL^{-1}。精确吸取 0.2 mL 该溶液用 0.5 mol·L^{-1} 硝酸定容于 1000 mL 容量瓶中，配制成浓度为 0.2 μg·mL^{-1} 的铅标准溶液；然后分别精确吸取 0.2 μg·mL^{-1} 铅标准溶液 0.0 mL、1.0 mL、4.0 mL、8.0 mL、10.0 mL 于 5 个 50 mL 容量瓶中，制成的铅标准溶液系列浓

度依次为 $0.0~\mathrm{mg \cdot mL^{-1}}$、$4.0~\mathrm{mg \cdot mL^{-1}}$、$16.0~\mathrm{mg \cdot mL^{-1}}$、$32.0~\mathrm{mg \cdot mL^{-1}}$、$40.0~\mathrm{ng \cdot mL^{-1}}$。进样时依次吸取 $20~\mu\mathrm{L}$ 进行测定。

2. 样品制备

准确称取小麦约 $0.5~\mathrm{g}$，加入 $8.0~\mathrm{mL}$ 硝酸，置微波消解炉中进行消解之后，待冷却开盖，于电热板上 $150~^{\circ}\mathrm{C}$ 下赶酸至样品溶液的体积约为 $1~\mathrm{mL}$，取下冷却至室温，转移至 $25~\mathrm{mL}$ 容量瓶中，用水定容至刻度，即为待测样品，同时做试剂空白。消解条件见表 5-3-7。

表 5-3-7　微波消解条件

温度/℃	压力/atm	时间/min
120	35	2
145	35	3
180	35	5

3. 仪器测定条件

见表 5-3-8。

表 5-3-8　石墨原子吸收仪器测定条件

元素	波长/nm	灯电流/mA	狭缝/nm	石墨炉升温程序
Pb	283.3	10	0.7	$150~^{\circ}\mathrm{C}(20~\mathrm{s})$—$800~^{\circ}\mathrm{C}(20~\mathrm{s})$—$2400~^{\circ}\mathrm{C}(2~\mathrm{s})$—$2500~^{\circ}\mathrm{C}(2~\mathrm{s})$

五、实验结果

① 记录实验数据于表 5-3-9。

表 5-3-9　实验数据记录表

项目	1	2	3	4	5	样品
$c/\mathrm{ng \cdot mL^{-1}}$	0.0	4.0	16.0	32.0	40.0	
A						

② 绘制标准曲线（以吸光度为纵坐标，质量浓度为横坐标），求得回归方程。

③ 计算每公斤小麦中铅的含量，以 $\mathrm{ng \cdot kg^{-1}}$ 表示。

六、注意事项

① 先开载气、循环水，再开石墨炉系统开关。

② 进样品时，应控制好进针位置，进样器不能完全接触到石墨管底部。

七、思考题

① 石墨炉原子吸收分光光度法为何灵敏度较高？

② 如何选择石墨炉原子化的实验条件？

③ 为何检测样品中铅的含量时，尽量少用干法制备样品？

第6章
紫外-可见光谱实验

6.1 基本原理

紫外-可见分光光度法（ultraviolet-visible molecular absorption spectrometry）简写为 UV-VIS，是根据物质分子对波长为 $200\sim760$ nm 范围内的电磁波的吸收特性建立起来的一种分析方法，也称为分子吸收光谱法。它是利用物质对光的选择性吸收与物质的组成、结构和含量等化学信息之间的关系而建立起来的一种分析方法，又称为分光光度法。该方法是基于价电子和分子轨道上的电子在电子能级之间的跃迁，由于分子吸收中每个电子能级上耦合有许多振-转能级，所以处于紫外-可见光区的电子跃迁，产生的吸收光谱具有"带状吸收"的特点。紫外-可见分光光度法具有操作简单、准确度和灵敏度高、重现性好、测定速度快等特点，广泛用于无机、有机物质的定性、定量及结构分析。主要应用如下：

① 定量分析，广泛用于各种物料中微量、超微量和常量的无机和有机物质的测定。

② 定性和结构分析，紫外-可见吸收光谱还可用于推断空间位阻效应、氢键强度、互变异构、几何异构现象等。

③ 反应动力学研究，即研究反应物浓度随时间而变化的函数关系，测定反应速度和反应级数，探讨反应机理。

④ 研究溶液平衡，如测定络合物的组成、稳定常数、酸碱离解常数等。

紫外-可见分光光度计主要分为单波长单光束直读式分光光度计、单波长双光束自动记录式分光光度计和双波长双光束分光光度计。其中，单波长双光束紫外-可见分光光度计应用最为广泛，其结构如图 6-1-1 所示。其主要由以下五个部分组成：

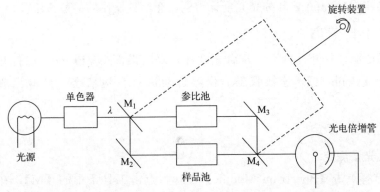

图 6-1-1 单波长双光束紫外-可见分光光度计构造简图

（1）辐射源（光源）

必须具有稳定的、有足够输出功率的、能提供仪器使用波段的连续光谱，如钨灯、卤钨灯（波长范围 350～2500 nm）、氘灯或氢灯（180～460 nm）、可调谐染料激光光源等。

（2）单色器

由入射、出射狭缝，透镜系统和色散元件（棱镜或光栅）组成，是用以产生高纯度单色光束的装置，其功能是将光源产生的复合光分解为单色光和分出所需的单色光束。

（3）试样容器，又称吸收池、样品池、比色皿

供盛放试液进行吸光度测量之用，分为石英池和玻璃池两种，前者适用于紫外到可见区，后者只适用于可见区。容器的光程一般为 0.5～10 cm。

（4）检测器，又称光电转换器

常用的有光电管或光电倍增管，后者较前者更灵敏，特别适用于检测较弱的辐射。近年来还使用光导摄像管或光电二极管矩阵作检测器，具有快速扫描的特点。

（5）显示装置

这部分装置发展较快，较高级的光度计，常备有微处理机、荧光屏显示和记录仪等，可将图谱、数据和操作条件都显示出来。

6.2 主要仪器

6.2.1 紫外分光光度计的一般操作方法

以岛津 UV-2450 紫外分光光度计为例，介绍其操作的一般方法。

6.2.1.1 开机

接通电源，打开计算机，开启光度计，双击桌面 UVProbe，在打开的界面中，点击【Connect】，连接仪器。仪器自动进入自检状态。自检完成后，点【OK】。

6.2.1.2 测定

（1）光谱测定

① 选择点击【Spectrum Module】图标，点击工具条中的【M】，在对话框内，选择填上需要的参数，例如波长范围等，点击【确定】完成设置。

② 点击【Gragh】，在下拉菜单中点击【Custornize】，对话框内，点击【Limits】填上需要的参数，如 x、y 轴范围等，点击确定，完成设置。

③ 在光度计的两个比色槽中，都放入参比溶液，点击【Baseline】，扫描基线。基线扫描结束后，将外边样品槽中比色皿取出，换成待测溶液，点击【Start】，开始扫描记录光谱。

④ 扫描结束，出现文件名称对话框，在对话框内，填上保存的地址及记录曲线的名称，选择【Save】，数据被保存在相应的文件夹中，可继续测定其他样品。

⑤ 打印。点击【File】，在下拉菜单中点击【Print】，打印屏幕上的光谱图。

⑥ 数据拷贝。点击页面中的视窗菜单中【Peak Pick】图标，则在桌面左侧显示曲线数据表。可选择复制有关数据，粘贴到 Origin 或 Excel 中，作曲线图。

⑦ 标注光谱峰。在曲线数据表上右击，选择【Mark Peak】，可在曲线图上添加标注。反之，则在图谱上去掉标注。

⑧ 删除。若想删除某条曲线，在对话框中，选中需要删除的曲线后，点击【Delete】则该曲线被删除。

实验结束后，将比色皿取出，洗净晾干，收好。关闭仪器，断开电源，整理桌面，清理卫生，填写仪器使用记录。

(2) 光度法测定

光度法测定的目的是测定样品的浓度，通过测定标准样品的光度值，建立标准曲线，从而可根据未知样品光度值，算出未知样品的浓度。点击光度法测定图标，进行以下操作。

1）建立数据采集方法

点击工具条中【M】，在【Wavelength】波长栏中填上需要的波长后，点击【Add】，点击【下一步】，则出现对话框。点击【下一步】，在新对话框中，选择填上需要的内容：在【Type】框中填【Multi Point】；在【Fomula】中填【Ratio】，在【WL1】选取。此时在【Column Name】框中显示【Result】。在【Order of Curve】框中选取需要值（例 3rd）。点击【下一步】，在新出现的对话框中，填写后点击完成。此时，光度法测定窗口打开。打开【Measurement Parameter】，点击【Instrument Parameter】。在【Measuring Mode】中，选择【Absorbance】。狭缝选择【2】，其他默认，点击【Close】。

2）建立数据保存方法

点击【File】，在菜单中选【Save As】。在文件名中填上【Photometh】，在保存类型中，填上【＊.pmd】，点击【保存】。

3）测定标准样品

包括输入文件信息、创建标准样品表、测定标准样品、看标准曲线。点击

【File】，在菜单中点【New】，清除遗留的方法。点击【File】，在菜单中点【Open】，在列表中选中目标方法，点击【Open】。点击【File】，在菜单中点【Property】，在名称框中填上【Photo1】，其他可默认，点击【确定】。

建立标准样品表：点击标准样品表，在【Sample ID】及【Concentration】项中填上对应的数值。

读取样品：将第一份标准样品放入比色槽中，点击【Read Std】，点击【Yes】，开始测定，结果列入表中；依次将第2、3、4……标样放入，测定，结果测出，列入表中。

保存标准样品表：点击【File】，在菜单中点【Save As】，输入文件名，在保存类型中选择【Standard Files（＊.std）】，点击保存。

4）读取未知样品

创建样品表，点击样品表，在【Sample ID】项中填上对应的数值。将未知样品1放入比色槽中，点击【Read unk】，依次将样品2、3、4……放入，读数，数据被列入表中。

保存数据：点击【File】，选择【Save As】，输入名称后，点击【保存】。

实验结束后，将比色皿取出，洗净晾干并收好。关闭仪器，断开电源，整理桌面，清理卫生，填写仪器使用记录。

(3) 动力学测定

1）按【Kinetics】图标，则显示动力学工作界面。

2）再按【Method】（Ctrl＋M），出现对话框，在对话框【WL1】中输入波长，在【Total Time】中输入要测定的时间，在【Start】中输入开始时间，【End】中输入结束时间，【Graph】中输入吸光度的范围，按【确定】。

3）放入空白或参比，按【Auto Zero】调零。

4）放入样品，按【Start】，测量完毕后出现【New Data Set】对话框，在【File Name】和【Storage】中输入名称，点击【完成】。

5）数据保存：在对话框中选择【Time Course】，点击【OK】。点击【File】，在下拉菜单中点击【Save As】，在对话框中填上名称，在保存类型中选择【Time Course（＊.kin）】，点击【保存】，则文件被保存于目标文件夹中。

6）数据处理（以导数处理为例）：打开光谱界面，点击【File】→【Open】，点击要求导的光谱图，点击【打开】，点击图标【Manipulate】，在【Type】项中选择【Transformations】；【Transformations】项中选择【Derivative：Source】，选择要求导的原始图谱；【Order：Smoothing】用来平滑图谱。选取需要的导数的阶数，设定参数后，点击【Calculate】，在出现的对话框中填上名称，点击【OK】，完成求导，点击【File】中【Save As】，将生成的导数光谱保存。

6.2.2 紫外分光光度计使用注意事项

① 仪器使用时要符合仪器工作环境的要求：稳固的工作台，适宜的温度、湿度。

② 避免日光直射、振动、强电场、强磁场。

③ 仪器保养和维护方法：用软布稍微蘸取水，轻柔擦拭外表面，避免蘸取过多水而流入仪器内部。清除样品室内残留液体样品，防止蒸发，避免腐蚀样品室。

④ 每半年进行一次波长准确度检查。

⑤ 比色池的使用规则：手拿住毛玻璃面，用擦镜纸擦拭透光面，用后及时清洗、擦干，放入比色池盒内。

⑥ 使用分光光度计时，要保证样品室绝对干净，小心放入样品，放入比色皿前一定要先用擦镜纸将比色皿外表面擦干净，不要污染样品池和光度计外表面。

⑦ 样品池使用挥发性物质时比色皿要加皿盖。

⑧ 仪器自检和扫描的过程中，不要打开样品室盖。

⑨ 软件不会自动保存数据，所有数据要保存都必须点击"保存"或"另存为"，否则数据会丢失。

⑩ 注意人身安全和仪器安全。

6.3 典型实验

实验 6-1 紫外-可见分光光度法测定茶叶中的咖啡因含量

一、实验目的

① 掌握紫外-可见分光光度法的原理及特点。

② 学会紫外-可见分光光度计的使用方法。

③ 学会茶叶中咖啡因的测定方法。

二、实验原理

紫外-可见吸收光谱通常由一个或几个宽吸收谱带组成。描述物质分子对辐射吸收的程度随波长而变的关系曲线，称为吸收光谱或吸收曲线，如图 6-3-1 所示。吸光度达最大时所对应的波长称为最大吸收波长（λ_{max}），它与分子外层电子或价电子的结构（或成键、非键和反键电子）有关，表示物质对辐射的特征吸收或选择吸收。

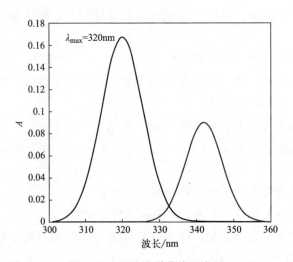

图 6-3-1　吸收光谱曲线示意图

当一束平行单色光垂直通过某一均匀非散射的吸光物质时，其吸光度 A 与吸光物质的浓度 c 及吸收层厚度 b 成正比，该定律称为朗伯-比尔定律，是紫外-可见分光光度法定量分析的基础。即：

$$A = \varepsilon bc$$

式中，ε 为摩尔吸光系数，$L \cdot mol^{-1} \cdot cm^{-1}$。

图 6-3-2　咖啡因的
分子结构

在最大吸收波长处，摩尔吸光系数 ε 达到最大值，此时仪器的灵敏度最高，因此，我们在测量时应尽量选择在最大吸收波长 λ_{max} 处进行吸光度 A 的测定。

本实验为测定茶叶提取物中咖啡因的含量，咖啡因的分子结构如图 6-3-2 所示。应先对提取液中的咖啡因作全波段扫描，测试其吸收光谱曲线，并确定最大吸收波长，然后在该波长下对咖啡因的吸光度进行测定。

三、仪器与试剂

仪器：紫外-可见分光光度计、分析天平、恒温水浴锅、抽滤装置。

试剂：碱式乙酸铅、浓盐酸、浓硫酸、咖啡因（纯度不低于 99%）、茶样品。

四、实验步骤

1. 实验试剂的配制

① 碱式乙酸铅溶液：准确称取 50.000 g 碱式乙酸铅，定容至 100 mL 容量瓶中，静置过夜；倾出上层清液过滤，得滤液为乙酸铅溶液。

② 0.01 mol·L^{-1} 盐酸溶液：取浓盐酸 0.9 mL，加蒸馏水定容至 1 L 容量瓶中。

③ 4.5 mol·L^{-1} 硫酸溶液：取浓硫酸 250 mL，加蒸馏水定容至 1 L 容量瓶中。

④ 咖啡因标准溶液 I：准确称取 100.000 mg 咖啡因，加蒸馏水定容于 100 mL 容量瓶中。

⑤ 咖啡因标准溶液 II：准确移取标液 I 5.0 mL，加蒸馏水定容于 100 mL 容量瓶中（0.05 mg·L^{-1}）。

2. 茶样品的制备

准确称取 3.000 g 碎茶样于 500 mL 锥形瓶中，加入沸蒸馏水 450 mL，立即移入沸水浴中，浸提 45 min（每 10 min 摇动一次）。浸提完毕，立即趁热减压过滤。滤液移入 500 mL 容量瓶中，残渣用少量热蒸馏水洗涤 2～3 次，并将洗涤液并入容量瓶中，待溶液冷却至室温后，用水稀释至刻度，此为茶样试液 I。

取茶样试液 I 10.0 mL 于 100 mL 容量瓶中，加入 4 mL 0.01 mol·L^{-1} 盐酸溶液和 1 mL 碱式乙酸铅溶液，用水稀释至刻度，混匀，静置过滤，得茶样试液 II。

准确吸取 25.0 mL 茶样试液 II 于 50 mL 容量瓶中，加入 3 滴 4.5 mol·L^{-1} 硫酸溶液，加水定容，静置过滤，得茶样试液 III。

3. 咖啡因标准溶液的测定

分别吸取 0 mL、2 mL、4 mL、6 mL、8 mL 咖啡因标准溶液 II 于 25 mL 容量瓶中，各加入 1.0 mL 盐酸，定容。在波长 274 nm 处，以 0 mL 空白溶液作参比，测定 4 个标准溶液的吸光度，绘制标准曲线。

4. 茶样吸光度的测定

在波长 274 nm 处，以试剂空白溶液作参比，测定茶样试液 III 的吸光度 A，并从标准曲线中求得样品浓度。

五、数据记录

① 请将测得数据填入表 6-3-1，并作标准曲线。

表 6-3-1　标准样品的浓度和紫外吸光度值

取样体积/mL	0	2	4	6	8
浓度 $c/\mu g \cdot mL^{-1}$					
吸收值 A					

回归方程：_____；$R^2 =$ _____。

② 茶叶样品吸光度 $A =$ _____。

六、数据处理

① 绘制咖啡因标准曲线。

② 求得茶样中咖啡因的浓度 $c(mg \cdot mL^{-1})$。

③ 计算咖啡因在茶样中的干态质量分数 w：

$$w = \frac{c \times 500 \text{ mL} \times \frac{50}{25} \times \frac{100}{10}}{m} \times \frac{1}{1000}$$

式中，m 为碎茶叶样的质量。

七、思考题

① 简述紫外-可见分光光度计的基本构造和各部分功能。

② 简述紫外-可见分光光度法定量分析原理。

实验 6-2　中药材中重金属铅的测定

一、实验目的

① 掌握紫外-可见分光光度法的原理及操作。

② 掌握中药中铅的紫外-可见测定方法。

二、实验原理

相对于西药更多地采用化工原料，中药更多地是从天然原料，如动物、植物以及矿石中获取药材。这类天然药材不仅会随着周围环境的波动而产生变化，同时其成分也相当复杂。在动植物类药材的生长过程中，自身的富集特点和主动吸收的能力是造成重金属污染的重要原因之一。在中药的生产过程中，采收、加工、添加辅料、包装储存以及运输都可能造成重金属污染，同时在中药原料的养殖或者种植期间，使用饲料、化肥以及农药等也都可能会导致药材重金属超标。

不同的药材基地，重金属的含量不一样，而不同类型的药材对重金属的蓄积能力也不一样，所以不同的重金属元素的污染情况也不一样。现阶段，在世界范围内很多区域都对中药中的重金属、微生物以及农药残留等指标制定了严格的标准要求，大多数中草药中的重金属含量不容乐观，严重影响了中药的品质和疗效。因此，检测中药中重金属含量是非常重要的一环。

同一种物质对不同波长光的吸光度不同，吸光度最大处对应的波长称为最大吸收波长 λ_{max}。而对于不同物质，它们的吸收曲线形状和 λ_{max} 不同。吸收曲线可以提供物质的结构信息，并作为物质定性分析的依据之一。对同一种物质，在一定波长时，随着其浓度的增加，吸光度 A 也相应增大；而且由于在 λ_{max} 处吸光度 A 最大，在此波长下 A 随浓度的增大而增加。可以据此进行物质的定量分析。

三、仪器与试剂

仪器：紫外-可见分光光度计、分析天平、马弗炉。

试剂：硝酸铅、中药材样品、王水、稀硝酸溶液（1 mol·L^{-1}）、稀盐酸溶液（1 mol·L^{-1}）、氨水、稀醋酸（1 mol·L^{-1}）、pH=3.2 的水（稀硝酸溶液）、硝酸镁、硫化钠溶液（1 mol·L^{-1}）。

四、实验步骤

1. 标准品溶液的配制

取 0.1598 g 硝酸铅，加稀硝酸溶液（1 mol·L^{-1}）10 mL 溶解，后转移至 1000 mL 容量瓶中，加水至刻度，摇匀，得硝酸铅标准溶液Ⅰ。

临用前，准确量取硝酸铅标准溶液Ⅰ10.0 mL 于 100 mL 容量瓶中，加水至刻度，摇匀，即得标准溶液Ⅱ（铅浓度为 10 μg·mL^{-1}）。

用吸量管分别移取 0.0 mL、0.5 mL、1.0 mL、1.5 mL、2.0 mL、2.5 mL 硝酸铅标准溶液Ⅱ，置于 50 mL 容量瓶中，分别用 pH=3.2 的水稀释至刻度线，得标准溶液Ⅲ。

2. 中药材样品溶液的制备

① 将药材干燥至恒重，准确称取 0.5 g，加 0.5 g 硝酸镁至坩埚内，先炭化 30 min，再于 550 ℃灰化 2 h，冷却后加王水 1 mL，水浴蒸干。

② 向坩埚中加 3 滴稀盐酸（1 mol·L^{-1}）及 10 mL 热蒸馏水，水浴加热 2 min，冷却后加酚酞指示剂 1 滴，用氨水调至微红色，加稀醋酸 2 mL，转移至 50 mL 容量瓶中，用 pH=3.2 的水稀释至刻度，最终 pH 在 3.0～3.5 范围内，得到药材样品溶液。

③ 空白溶液的制备：将中药材样品溶液制备中的坩埚，改为空坩埚，其余按照相同步骤进行，即可制得空白溶液。

3. 检测波长

分别取 0.0 mL、1.5 mL 标准品溶液Ⅲ及中药材样品液 5.0 mL 于 3 个 100 mL 容量瓶中，各加入 10 μL 硫化钠溶液（1 mol·L^{-1}），摇匀，用 pH=3.2 的水溶液稀释至刻度线。静置 5 min，以 0.0 mL 标准品溶液Ⅲ为空白，测定 1.5 mL 标准品溶液Ⅲ及中药材样品液在 190～600 nm 波长范围内的光谱，确定检测波长 λ。

4. 绘制标准曲线

吸取标准品溶液Ⅲ 5 个不同浓度溶液各 5.0 mL，各加入 10 μL 硫化钠溶液，用 pH=3.2 的水溶液稀释至刻度线。静置 5 min，以 0.0 mL 标准品溶液Ⅲ为空白，测定各样品吸光度，绘制标准品的吸光度-浓度标准曲线。

5. 计算铅含量

根据标准曲线，求得中药材样品溶液中重金属铅的含量。

五、数据记录

① 检测波长值为 λ=＿＿＿＿＿＿＿＿ nm。

② 将标准样品浓度及吸光度记录于表 6-3-2。

表 6-3-2　标准样品的浓度和紫外吸光度值

取样体积/mL	0.5	1	1.5	2	2.5
浓度 $c/\mu g \cdot mL^{-1}$					
吸收值 A					

回归方程：＿＿＿＿＿＿＿＿＿＿＿＿；R^2=＿＿＿＿＿＿＿＿＿＿＿＿＿＿＿。

③ 中药材样品吸光度 A=＿＿＿＿＿＿＿＿＿。

六、数据处理

① 绘制铅标准品的标准曲线。

② 求得中药材样品中铅的浓度 $c(\mu g \cdot mL^{-1})$ 及含量。

七、思考题

朗伯-比尔定律的适用条件是什么？

实验 6-3　示差分光光度法测定水样中非那西汀的含量

一、实验目的

① 掌握示差分光光度法的原理、特点及适用条件。

② 掌握紫外-可见分光光度计的使用方法。

二、实验原理

非那西汀，是一种有机化合物，为白色结晶性粉末，化学式 $C_{10}H_{13}NO_2$，图 6-3-3 为其分子结构。非那西汀是一种在许多国家被禁售的药物。2017 年 10 月 27 日，世界卫生组织国际癌症研究机构公布的致癌物清单，非那西汀在 1 类致癌物清单中。当非那西汀浓度较高时，普通的分光光度法很难准确测得，需采用示差法。

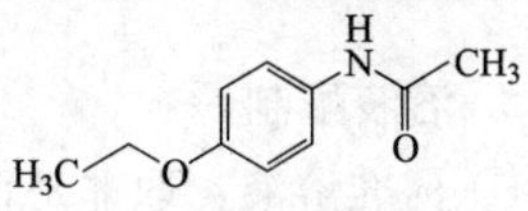

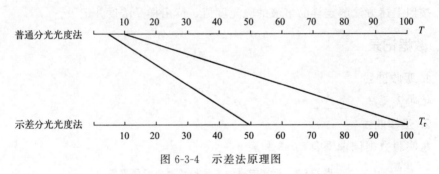
图 6-3-3　非那西汀的分子结构

普通分光光度法一般只适合于测定痕量组分，当待测组分含量较高时，往往与朗伯-比尔定律产生偏离或因测得的吸光度值超出适宜的读数范围而引入较大的误差，使准确度降低。而示差法能很好地解决这一问题。示差分光光度法是应用于高含量组分测定的一种方法，若普通的分光光度法测得试样的透过率 $T=5.0\%$，配制一浓度稍低的标准溶液 S，测得 $T=10.0\%$，二者之差为 5%；用示差法时，以此标准溶液 S 来调节仪器令 $T=100\%$，$A=0$，再来测定试样，可得 $T=50.0\%$，二者之差为 50%。这样，示差法相当于把标尺扩大了 10 倍，测量读数的相对误差也就缩小了 90%。此时试液的透过率为 50%，读数落在适宜的范围内，提高了测定的准确度。原理如图 6-3-4 所示。

图 6-3-4　示差法原理图

两者的主要区别在于参比溶液不同。普通分光光度法采用不含被测组分和显色剂的空白作参比溶液，而示差分光光度法则采用一系列适当浓度的标准溶液作参比溶液。采用示差分光光度法测定的一般步骤如下：

① 采用浓度为 c_s 的标准溶液为参比溶液；

② 测定一系列 Δc 已知的标准溶液的相对吸光度（A_r）；

③ 绘制 A_r-Δc 工作曲线；

④ 由测得的试样溶液的相对吸光度 A_r，即可从 A_r-Δc 工作曲线上求出 Δc；

⑤ 根据下式求出试样浓度 c_x：$c_x=c_s+\Delta c$。

三、仪器与试剂

仪器：紫外-可见分光光度计。

试剂：非那西汀标液（100 $\mu g \cdot mL^{-1}$）、未知样品液。

四、实验步骤

1. 溶液配制

① 标准溶液：取非那西汀标准溶液 5 mL、6 mL、7 mL、8 mL、9 mL 分别于 5 个 50 mL 容量瓶中，用蒸馏水稀释至刻度。

② 未知样品：移取 5 mL 未知样品溶液于 50 mL 容量瓶中，用蒸馏水稀释至刻度。

2. 测定吸收曲线

以蒸馏水为空白，对未知样品进行全波长扫描，得到吸收曲线，确定未知样品最大吸收波长，确定未知样品的类型。

3. 绘制工作曲线

以第一个标液（5 mL 标液）调零作参比，于最大波长处测定各标准溶液的吸光度值，以 A_r 对 Δc 作图，绘制工作曲线。

4. 样品浓度测定

按照上述方法测定样品溶液的吸光度值，读出样品浓度并记录。

五、数据记录

1. 吸收曲线

记录 $\lambda_{max} = $ _____ nm。

2. 工作曲线

将实验数据记录于表 6-3-3 和表 6-3-4。

表 6-3-3　标准样品的浓度差和紫外吸光度值

取样体积/mL	5	6	7	8	9
浓度 $c/\mu g \cdot mL^{-1}$					
浓度差 $\Delta c/\mu g \cdot mL^{-1}$					
吸收值 A_r					

回归方程：_____ $R^2 = $ _____

表 6-3-4　未知样品的紫外吸光度值和浓度差

项目	1	2	3	4	5
吸光度 A_r					
$\Delta c/\mu g \cdot mL^{-1}$					
$\overline{\Delta c}/\mu g \cdot mL^{-1}$					
$\left\| \dfrac{\Delta c - \overline{\Delta c}}{\overline{\Delta c}} \right\|$ (%)					

六、数据处理

① 确定非那西汀的最大吸收波长。

② 绘制 A_r-Δc 工作曲线，由显示器直接读出测定结果 Δc_x，计算未知样品中非那西汀的浓度。

③ 计算重复测定样品中的非那西汀浓度，计算该方法的精确度。

七、思考题

示差法的特点是什么？在什么条件下使用示差法？

实验 6-4　紫外分光光度法测定混合物中非那西汀和咖啡因

一、实验目的

① 掌握根据吸光度的加和性原则测定双组分混合物含量的方法。

② 熟练掌握紫外-可见分光光度计的操作使用技术。

二、实验原理

当多组分混合物中各组分的吸收带互相重叠，只要溶液中各组分相互间不发生任何反应即没有相互作用，而且它们对入射光的吸收能符合朗伯-比尔吸收定律，则多组分溶液的总吸光度值等于各组分的吸光度之和，这就是吸光度的加和性原则。即：

$$A = A_1 + A_2 + \cdots + A_n = \varepsilon_1 bc_1 + \varepsilon_2 bc_2 + \cdots + \varepsilon_n bc_n$$

根据这一原则，对两个组分即可在两个适当波长（一般选择这两种组分的最大吸收波长）分别进行吸光度 A 测定，并分别根据朗伯-比尔定律列方程，将两个方程联立即可计算出混合液中这两种组分的浓度，联立方程如下：

$$A_{\lambda_1}^{B_1+B_2} = A_{\lambda_1}^{B_1} + A_{\lambda_1}^{B_2} = \varepsilon_{\lambda_1}^{B_1} c_{B_1} b + \varepsilon_{\lambda_1}^{B_2} c_{B_2} b$$

$$A_{\lambda_2}^{B_1+B_2} = A_{\lambda_2}^{B_1} + A_{\lambda_2}^{B_2} = \varepsilon_{\lambda_2}^{B_1} c_{B_1} b + \varepsilon_{\lambda_2}^{B_2} c_{B_2} b$$

式中，A 为吸光度；ε 为摩尔吸光系数，$L \cdot mol^{-1} \cdot cm^{-1}$；$c$ 为浓度，$mol \cdot L^{-1}$；b 为光程，cm；B_1、B_2 表示不同组分；λ 为波长。

若待测组分的浓度不是物质的量浓度，则吸光系数就不是摩尔吸光系数，简称为比吸光系数（或吸光系数），以 κ 表示，其单位视浓度单位而定。例：如果组分的浓度单位为 $\mu g \cdot mL^{-1}$，比色池的厚度（光程长度）单位为 cm，则有

$$A = \kappa c b$$

故 κ 的单位为 $mL \cdot \mu g^{-1} \cdot cm^{-1}$。

式中，κ 为最大吸收波长处的吸收系数，由标准溶液测得其吸光度 A，再由上式计算求得。

在非那西汀和咖啡因的双组分混合物测定中，两组分的分别测定就属上述这种情况。在水溶液中，非那西汀和咖啡因的吸收曲线如图 6-3-5 所示。非那西汀 $\lambda_{max} = 244$ nm，咖啡因 $\lambda_{max} = 272$ nm，分别测定非那西汀和咖啡因混合液在最大吸收波长处的吸光度值 A。然后利用上述联立方程式求算 $c_{非}$ 及 $c_{咖}$。

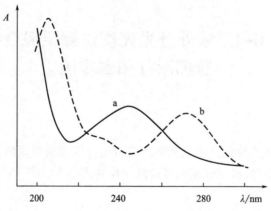

图 6-3-5　非那西汀和咖啡因的紫外-可见吸收光谱图

a—非那西汀；b—咖啡因

三、仪器与试剂

仪器：紫外-可见分光光度计。

试剂：非那西汀 $100\ \mu g \cdot mL^{-1}$、咖啡因 $150\ \mu g \cdot mL^{-1}$、未知样品液。

四、实验步骤

1. 标准溶液的配制

分别移取 5.00 mL 非那西汀（100 $\mu g \cdot mL^{-1}$）和咖啡因（150 $\mu g \cdot mL^{-1}$）标准溶液于 2 个 50 mL 容量瓶中，用蒸馏水稀释至刻度，摇匀，则非那西汀质量浓度为 10 $\mu g \cdot mL^{-1}$，咖啡因质量浓度为 15 $\mu g \cdot mL^{-1}$。

2. 吸收曲线的绘制

在紫外-可见分光光度计上，以蒸馏水为空白，从 350 nm 至 200 nm，分别对非那西汀和咖啡因标准溶液进行扫描，绘出二者的吸收曲线。确定二者的最大吸收波长，并分别测出非那西汀和咖啡因在二者最大吸收波长处的吸光度值，记录于表 6-3-5 中。

表 6-3-5 最大吸收波长测定表

标准样品	咖啡因	非那西汀
λ_{max}/nm	$\lambda_1 =$	$\lambda_2 =$

3. 样品分析

移取待测混合样品溶液 5.00 mL 于 50 mL 容量瓶中，用蒸馏水稀释至刻度，摇匀。分别在二者的最大吸收波长处测定其吸光度值 A，并记录于表 6-3-6 和表 6-3-7 中。

表 6-3-6 咖啡因在 λ_1、λ_2 处的吸光度值及吸光系数

λ_1 处吸光度 A	λ_2 处吸光度 A	吸光系数 κ_{λ_1} /mL $\cdot \mu g^{-1} \cdot cm^{-1}$	吸光系数 κ_{λ_2} /mL $\cdot \mu g^{-1} \cdot cm^{-1}$

表 6-3-7 非那西汀在 λ_1、λ_2 处的吸光度值及吸光系数

λ_1 处吸光度 A	λ_2 处吸光度 A	吸光系数 κ_{λ_1} /mL $\cdot \mu g^{-1} \cdot cm^{-1}$	吸光系数 κ_{λ_2} /mL $\cdot \mu g^{-1} \cdot cm^{-1}$

五、数据记录与处理

① 计算咖啡因和非那西汀在二者最大吸收波长处的吸光系数 κ。

② 计算未知样品液中咖啡因和非那西汀的浓度 c，填于表 6-3-8。

表 6-3-8 未知样品液测试数据记录与处理表

吸光度 $A(\lambda_{max})$		浓度 $c/\mu g \cdot mL^{-1}$	
$A_{非}$	$A_{咖}$	$c_{非}$	$c_{咖}$

六、注意事项

① 在使用分光光度法测定多组分混合物时，需根据吸收光谱图确定其最大吸收峰，峰值处吸光度达最大，对应的吸收波长即为最大吸收波长，该处摩尔吸收系数达最大值，仪器的灵敏度最高。

② 光谱条件测定后，测定过程不能随意改动。

七、思考题

① 什么是吸光度加和性原则？

② 用解方程组的方法测定双组分混合物的含量的前提条件是什么？

实验 6-5　紫外-可见分光光度法测定蔗糖水解反应速率常数

一、实验目的

① 熟练掌握紫外-可见分光光度法操作。

② 学会紫外-可见分光光度法测定化学反应速率常数的方法。

二、实验原理

蔗糖在 H^+ 催化作用下水解为葡萄糖和果糖，反应方程式为：

$$C_{12}H_{22}O_{11} + H_2O \xrightarrow{H^+} C_6H_{12}O_6 + C_6H_{12}O_6$$
$$\text{蔗糖} \qquad\qquad \text{葡萄糖} \qquad \text{果糖}$$

此反应的反应速率与蔗糖、水以及催化剂 H^+ 的浓度有关。但在反应过程中，如果可以检测出产物中葡萄糖或者果糖的浓度变化，即可根据产物浓度变化，推断出蔗糖的水解程度。若已知蔗糖的初始浓度 c_0，水解到一定程度，测得产物浓度为 $c_0/2$，则可推断出此反应时间为蔗糖水解的半衰期。再根据半衰期 $t_{1/2} = \ln2/k$，k 为反应速率常数，即可求得蔗糖水解的反应速率常数。

同时，果糖在盐酸的作用下，会生成羟甲基糠醛，在 291 nm 处有最大吸收。

$$C_6H_{12}O_6 \xrightarrow{HCl} HO\text{—}\underset{O}{\bigcirc}\text{—}CHO$$

可通过检测混合样品的吸收值，算得果糖的浓度，从而判断蔗糖水解的程度。由于蔗糖的水解在试剂混合时已经开始，故可将 $c_0 - c_1$ 设为起点，c_1 是样品第一个吸收值读数计算所得的果糖浓度；测定 $(c_0 - c_1)/2$ 的反应时间即可。

三、仪器与试剂

仪器：紫外-可见分光光度计、分析天平。

试剂：蔗糖、羟甲基糠醛、浓盐酸。

四、实验步骤

1. 蔗糖标准溶液的配制

称取蔗糖 0.200 g 溶于蒸馏水中，并定容到 1 L 容量瓶中，得 0.2000 $g \cdot L^{-1}$ 蔗糖标准溶液。

2. 羟甲基糠醛标准溶液的配制及标准曲线的绘制

称取羟甲基糠醛 0.100 g 溶于蒸馏水中，并定容到 1 L 容量瓶中，得 0.1000 $g \cdot L^{-1}$ 的标准溶液。

准确移取 0 mL、1 mL、4 mL、7 mL、10 mL 标准溶液于 25 mL 容量瓶中，稀释至刻度。以空白液为参比，分别测定 4 个标准液的吸收值，并绘制标准曲线。

3. 吸光度测试

移取蔗糖标准液 5~10 mL 于容量瓶中，加入浓盐酸 3 mL，加水定容。摇匀后，测定样品在 1 h 之内的吸光度变化，绘制动力学曲线。

五、数据记录

1. 标准曲线

将实验数据记录于表 6-3-9。

表 6-3-9　标准样品的浓度和紫外吸光度值

取样体积/mL	0	1	4	7	10
浓度 $c/\mu g \cdot mL^{-1}$					
吸光度 A_r					

回归方程：_____ $R^2 =$ _____

2. 样品初始吸光度 $A_0 =$ _____。

六、数据处理

① 绘制标准曲线。

② 求得样品初始时，果糖的浓度，并计算蔗糖的浓度。

③ 计算蔗糖水解一半时，对应的吸光度值，并从动力学曲线上找到对应的时间。

④ 根据公式计算蔗糖水解的速率常数。

七、思考题

有无其他方法测定蔗糖水解的速率常数？

第7章
红外吸收光谱实验

7.1　基本原理

　　红外光谱分析是现代仪器分析中历史悠久并且还在不断发展的分析技术，主要用于分子结构的研究和化学组成的分析。其中，分子结构研究主要包括：a. 测定分子键长、键角，以此推断出分子的立体构型；b. 根据所得的力常数可以知道化学键的强弱；c. 由简正频率来计算热力学函数等。化学组成分析主要包括：a. 根据光谱中吸收峰的位置和形状来推断未知物结构；b. 依照特征吸收峰的强弱测定混合物中各组分含量，具有快速、高灵敏度、检测试样用量少、能分析各种状态的试样的特点。因此，红外光谱已成为结构化学、分析化学最常用和不可缺少的工具，广泛应用于药物、染料、香料、农药、感光材料、橡胶、高分子合成材料、环境监测、法医鉴定等领域。近年来，由于红外光谱技术的不断发展，红外光谱仪的不断完善，红外光谱和色谱、核磁共振、质谱的联用使红外光谱的应用开辟了更为广阔的空间。

7.1.1　红外光谱的产生

　　红外吸收光谱是由分子振动和转动跃迁所引起的。图 7-1-1 为双原子分子能级跃迁示意图。组成化学键或官能团的原子处于不断振动（或转动）的状态，其

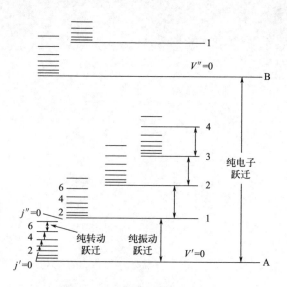

图 7-1-1　双原子分子能级跃迁示意图

振动频率与红外光的振动频率相当。所以，用红外光照射分子时，分子中的化学键或官能团可发生振动吸收，不同的化学键或官能团吸收频率不同，在红外光谱上的位置也不同，从而可获得分子中所含化学键或官能团的信息（图 7-1-2）。红外光谱法实质上是一种根据分子内部原子间的相对振动和分子转动等信息确定物质分子结构和鉴别化合物的分析方法。

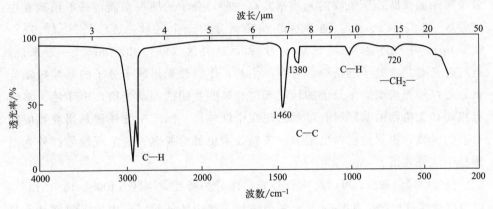

图 7-1-2　红外吸收光谱图

7.1.2　分子的振动形式

在中红外区，分子中的基团主要有伸缩振动和弯曲振动两种振动模式。伸缩振动指基团中的原子沿着价键方向来回运动（有对称和反对称两种），如图 7-1-3 所示。而弯曲振动指垂直于价键方向的运动（摇摆、扭曲、剪式等），如图 7-1-4 所示。

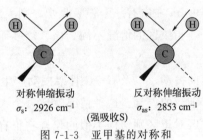

图 7-1-3　亚甲基的对称和反对称伸缩示意图

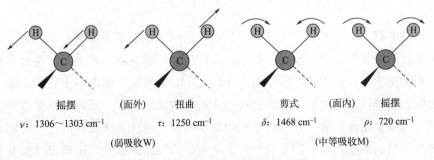

图 7-1-4　亚甲基的弯曲振动示意图

7.1.3 红外光谱的分区

分子的转动能级差比较小，所吸收的光频率低，波长很长，所以分子的纯转动能谱出现在远红外区（25～300 μm）。振动能级差比转动能级差要大很多，分子振动能级跃迁所吸收的光频率要高一些，分子的纯振动能谱一般出现在中红外区（2.5～25 μm）。通常将红外光谱分为三个区域：近红外区（0.75～2.5 μm）、中红外区（2.5～25 μm）和远红外区（25～300 μm）。一般来说，近红外光谱是由分子的倍频、合频产生的；中红外光谱属于分子的基频振动光谱；远红外光谱则属于分子的转动光谱和某些基团的振动光谱。由于绝大多数有机物和无机物的基频吸收带都出现在中红外区，因此中红外区是研究和应用最多的区域，积累的资料也最多，仪器技术也最为成熟。通常所说的红外光谱即指中红外光谱。

按吸收峰的来源，可以将中红外光谱图分为特征频率区（4000～1330 cm^{-1}）以及指纹区（1330～400 cm^{-1}）两个区域。其中特征频率区中的吸收峰基本是由基团的伸缩振动产生的，数目不是很多，但具有很强的特征性，因此在基团鉴定工作中很有价值，主要用于鉴定官能团。如羰基，不论是在酮、酸、酯或酰胺等化合物中，其伸缩振动总是在 5.9 μm 左右出现一个强吸收峰，如谱图中5.9 μm 左右有一个强吸收峰，则大致可以断定分子中有羰基。

指纹区的情况不同，该区峰多而复杂，没有强的特征性，主要是由一些单键C—O、C—N 和 C—X（卤素原子）等的伸缩振动，C—H、O—H 等含氢基团的弯曲振动，以及 C—C 骨架振动产生的。当分子结构稍有不同时，该区的吸收就有细微的差异。这种情况就像每个人都有不同的指纹一样，因而称为指纹区。指纹区对于区别结构类似的化合物很有帮助。

7.1.4 红外光谱的解析

光谱的解析，一般是首先通过特征频率确定主要官能团信息。单纯的红外光谱法鉴定物质通常采用比较法，即与标准物质对照和查阅标准谱，但是该方法对于样品的要求较高，并且依赖于谱图库的大小。如果在谱图库中无法检索到一致的谱图，则可以用人工解谱的方法进行分析，这就需要有大量的红外知识及经验积累。大多数化合物的红外谱图是复杂的，我们很难从一张孤立的红外谱图得到全部分子结构信息，如果需要确定分子全部结构的详细信息，还需要借助其他分析测试手段，如核磁、质谱、紫外光谱等。

7.2 主要仪器

7.2.1 红外光谱仪的使用说明

以日本岛津 IRPrestige-21 傅里叶变换型红外光谱仪为例介绍其基本操作流程。

7.2.1.1 开机

① 开启傅里叶红外光谱仪的电源。

② 开启计算机，进入 WINDOWS 操作系统。

7.2.1.2 启动 IRsolution 软件

① 点击【Start】按钮。

② 选择菜单中的程序选项。

③ 选择【Shimazu】中的【IRsolution】项，启动 IRsolution 软件。

④ 选择测量模式，然后选择测量菜单【Measurement】中的初始化菜单【Initilize】。只有在测量模式下初始化菜单才可以使用。

⑤ 计算机开始和傅里叶变换红外光谱仪进行联机。如果选择环境菜单中的傅里叶变换红外光谱仪初始化开始，即 Environment—Instrument Preferences—FTIR—Initialize FTIR on Starup，那么当 IRsolution 运行时，计算机自动对傅里叶变换红外光谱仪初始化。

7.2.1.3 参数设置

可以设置扫描参数的扫描参数窗口包括 5 个栏：数据【Date】、仪器【Instrument】、更多【More】、文件【File】和高级（FTIR-8400S 仪器没有高级栏）。点击每一个栏就可以显示相应的栏目。

(1) 数据栏（Date）

测量模式：设置测量光谱的显示方式是透过率（T％）还是吸收强度（abs）。

去卷积：通过对干涉光谱的傅里叶转换，可以设置用于进行能量光谱计算的去卷积功能，去卷积功能影响光谱的分辨率及信噪比，分辨率越高，基线的噪声越大，一般选择【Happ-Genzel】。

扫描次数：设置扫描次数（1～400）。一般扫描参数设为 10。

分辨率：分析低浓度气体时，选择【0.5 cm^{-1}】，测量固体和液体时 4 cm^{-1}就足够了。

波数范围：根据测量方法键入需要的波数范围。

（2）仪器栏（Instrument）

光束：样品室内测量，选择【内部】；用其他附件检查，选择【外部】。

检测器：一般标准检测器选择为【DLATGS】。

镜面速度：通常选择【2.8（mm/sec）】。

（3）其他栏（More）

常规：将【增益】和【光阑】设置为【自动】。

（4）文件栏（File）

用文件栏保存扫描参数栏的参数设置或者装载保存的参数。要保存参数，点击另存为按钮，然后选择或者输入保存路径和文件名（扩展名：＊.ftir）。要装载保存的参数，点击右下角按钮，选择要用的参数文件。标记 Locked 的选项，参数项目都会变成灰色，不能修改。

7.2.1.4　图谱扫描

① 背景扫描：点击【BKG】进行背景扫描，扫描时样品架不能放有样品，当然有时需要放置空白样品进行背景扫描。如果做压片，则需要用纯溴化钾压片作背景。

② 样品扫描：首先把样品放入样品室，点击【Sample】进行样品测试，测试完成后可以获得样品的图谱。点击【Stop】按钮可以停止扫描。

7.2.1.5　显示图谱

在测量模式下，用鼠标右键点击图谱，会显示下拉菜单，其中有【全屏】模式，点击【View】可以查看样品测试的图谱，选择【File】中的【Open】可以查看以前保存过的图谱。

7.2.1.6　图谱处理

从菜单栏【Manipulation1】和【Manipulation2】的下拉菜单中可以选择各种处理功能。

（1）峰值表

当有多个光谱显示时，点击一个光谱栏标记峰并激活光谱。然后点击【Manipulation1】下拉菜单的【Peaktable】选项自动转换到处理栏显示峰检测屏。

要检测峰可以用噪声【Noise】、阈值【Threshold】和最小面积【Min Area】，给每一个参数输入一个数值，点击计算【Calc】按钮，显示吸收峰检测结果。要增加或者减少检测吸收峰数目，则改变各个参数的输入数值，点击计算【Calc】。

如果有些峰值没有被自动标出，可点击【Add Peak】键添加，按【Add Peak】键后光标会自动出现在图谱中，移动光标到所需的位置，点击后，此处的波数会被记录在峰列表中。要删除指定的峰，在【MANUAL PEAK PICK】的下拉列表中选择该峰后，点击【DELETE PEAK】，会删除该峰。

(2) 图谱检索

点击检索【Search】按钮，显示检索界面。

① 确定图谱库：在参数窗口的图谱库【Librarise】栏标记将要被检索的图谱库，如果没有图谱库，可点击添加【Add】按钮找到要添加的图谱库进行添加。可以同时选择多个图谱库。

② 显示检索结果：确定好图谱库后，点击图谱检索【Spectrum Search】按钮进行检索，根据结果评价的分数可以找到最接近的图谱，评分最高是 1000 分，并且按照得分顺序排列检索结果，与图谱库顺序无关。

7.2.2 红外光谱的试样制备技术

7.2.2.1 气体样品

气体样品是在气体池中进行测定的，先把气体池中的空气抽掉，然后注入被测气体进行测谱。

7.2.2.2 液体样品

测定液体样品时，使用液体池，常用的为可拆卸池，即将样品直接滴于两块盐片之间，形成液体毛细薄膜（液膜法）进行测定，对于某些吸收很强的液体试样，需用溶剂配成浓度较低的溶液再滴入液体池中测定，选择溶剂时要注意溶剂应对溶质有较大的溶解度，溶剂在较大波长范围内无吸收，不腐蚀液体池的盐片，与溶质不发生反应等，常用的溶剂为二硫化碳、四氯化碳、三氯甲烷、环己烷等。

7.2.2.3 固体样品

(1) 压片法

把 1～2 mg 固体样品放在玛瑙研钵中研细，加入 100～200 mg 磨细干燥的碱金属卤化物（多用 KBr）粉末，混合均匀后，加入压模内，在压片机上边抽真空边加压，制成厚约 1 mm，直径约为 10 mm 的透明片，然后进行测定。

(2) 糊状法

将固体样品研成细末，与糊剂（液体石蜡油）混合成糊状，然后夹在两窗片之间进行测定。用石蜡作糊剂不能用来测定饱和碳氢键的吸收情况，可以用六氯丁二烯代替石蜡油作糊剂。

(3) 薄膜法

把固体样品制成薄膜来测定。薄膜的制备有两种：一种是直接将样品放在盐窗上加热，熔融样品涂成薄膜；另一种是先把样品溶于挥发性溶剂中制成溶液，然后滴在盐片上，待溶剂挥发后，样品遗留在盐片上而形成薄膜。

7.2.3　KBr 压片磨具的使用说明

KBr 压片法使用的磨具包括压片磨具（图 7-2-1）和取片磨具（图 7-2-2）。

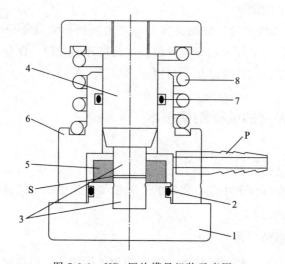

图 7-2-1　KBr 压片模具组装示意图

1—压片底座；2,7—垫圈；3—压片轴；4—T 形压杆（大压杆）；5—O 形套圈；

6—套筒；8—弹簧；P—气体出口；S—KBr 样品

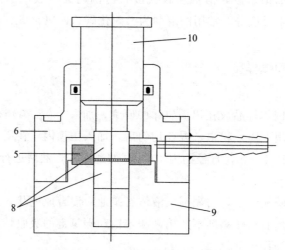

图 7-2-2　KBr 取片模具组装示意图

9—取片底座；10—小压杆（其余注释同图 7-2-1）

7.2.3.1　准备工作

① 保持使用压片机的房间湿度较低；

② 将压片机配件 3、5 表面的油脂用四氯化碳或苯清除（否则得到的样品片有黄色），放入干燥器备用；

③ 用玛瑙研钵一次研磨大量 KBr 粉末并过筛，放入烘箱中 120～150 ℃干燥 3 h，放入干燥器备用；

④ 为避免手汗对压片的影响，准备一双白手套，研磨和压片过程中戴手套。

7.2.3.2　压片操作

① 取 400 mg 备用 KBr 粉末于玛瑙研钵中，加入 0.5%～1%样品，在红外灯下研细混匀，放入烘箱中 120～150 ℃干燥 1 h（注意：干燥温度依样品性质而定）；

② 使用丙酮（或乙醇、石油醚等溶剂）清洗 3；

③ 配件 3 光面向上插入 1 的圆形凹槽，3 光面高出 1 的圆形凹槽约 2 mm，将 5 套在 3 高出凹槽的部分；

注意：1、3、5 大小配合，没有间隙，稍有倾斜则装不进去，若装配不顺利拿出再装，不要硬挤，正常装配时，1、3、5 之间可以自如旋转。

④ 取样品和 KBr 混合粉末约 200 mg，放到 3 和 5 形成的凹槽中，用抹刀铺平；

⑤ 将另一 3 光面向下插入 5 的圆孔中，旋转 3 使粉末均匀平铺，否则所得压片有白斑（注意：正常装配时，3、5 之间可以自如旋转）；

⑥ 将 6 准确放在 1 上，旋转 6 以确认安装正确；

⑦ 将弹簧 8 放在 6 上，4 插入 6 中，装配好的压片模具移至压片机下；

⑧ P 与真空泵相连，压片前抽真空 5 min（真空泵为选配件）；

⑨ 压片机阀门拧至 lock，加压至 80 kN，停留 5～10 min，停留时间越长压片越透明，但超过 10 min 则没有明显变化；

⑩ 压片机阀门拧至 open，将压片模具移下压片机，拆下 4、6、8；

⑪ 将连接在一起的 3、5 从 1 上取下，放在 10 上；

⑫ 安装 6，同步骤⑥，11 插入 6 中，置于压片机下（无须抽真空），压片机阀门拧至 lock，加压至 11 的上檐与 6 接近；

⑬ 压片机阀门拧至 open，拆下 11 和 6，得到样品的 KBr 片；

⑭ 用丙酮棉清洗所有与 KBr 接触过的配件，特别是 3 和 5，以免生锈，放入干燥器备用。

7.3 典型实验

实验 7-1 压片法测定固体样品的红外光谱分析

一、实验目的

① 了解红外光谱的工作原理和仪器构造。
② 掌握红外光谱仪的使用方法和操作规程。
③ 掌握固体样品的溴化钾压片技术。
④ 学会谱图解析的基本方法。

二、实验原理

红外光谱分析是现代仪器分析中历史悠久并且还在不断发展的分析技术，对于未知物的定性、定量以及结构分析都是一种非常重要的手段。

红外光谱是由分子振动能级的跃迁产生的，在振动跃迁的同时伴随转动能级的变化，因此红外光谱称为振-转光谱。当样品受到频率连续变化的红外光照射时，分子吸收了某些频率的辐射，其振动或转动引起偶极矩的净变化，产生分子振动和转动能级从基态到激发态的跃迁，使相应于这些吸收区域的透射光强度减弱。记录红外光的透光率与波数或波长的关系曲线，就得到红外光谱。由于振动能级和转动能级不同，能级间的差值也不同，物质对红外光的吸收波长也不同，因此，红外光谱图反映了分子中各基团的振动特征。谱带的数目、位置、形状和强度均随化合物中各基团的振动特征及其聚集状态的不同而不同，从而根据红外光谱的特征基团频率来鉴定、分析化合物及其特征官能团。

不同状态的样品制样、测试方法不同，其谱图中特征峰的频率、数目、形状和强度也会不同。在固体苯甲酸样品测试过程中，由于羧酸基团容易受到氢键的作用而形成二聚体，因此在压片法测定固体苯甲酸样品时看到的是苯甲酸二聚体的特征吸收，当测定气态或液态样品时，才显示游离态苯甲酸的特征吸收。

三、仪器与试剂

仪器：傅里叶变换红外光谱仪、液压式压片机、压片模具组合、玛瑙研钵、干燥灯。

试剂：KBr（光谱纯）、苯甲酸、无水乙醇、待测样品。

四、实验步骤

1. 开机

先打开红外主机电源开关,再打开电脑及工作站,进行联机。

2. KBr 背景的制备及扫描

取干燥的 KBr 粉末 500 mg 左右,置于干净的玛瑙研钵中研磨至粒度为 2 μm 以下,放入组装好的压片磨具中,置于压片机上压片,压力 90~100 N,加压 3~5 min 后取出。装入样品池,设置参数,扫描 KBr 背景谱图。

3. 样品制备及扫描

取干燥的 KBr 粉末 200 mg 左右置于研钵中,加入 2 mg 左右的待测样品混匀,混合研磨至粒度为 2 μm 以下,放入组装好的压片磨具中,置于压片机上压片,压力 90~100 N,加压 3~5 min 后取出。装入样品池,设置参数,扫描样品谱图,保存。

4. 谱图处理及检索

采用计算机谱图检索软件,检索相关度较高的已知物标准谱图,参照谱图进行定性分析。

将所扫描的试样的红外吸收谱图与标准物的谱图相对照,若两者各吸收峰的位置和形状相同,且相对强度一致,则认为待测试样与标准物属同种物质。

5. 关机

取出样品室中的样品,将磨具和样品架用脱脂棉蘸无水乙醇擦拭干净,置于干燥器中保存待用。关闭红外光谱软件,关闭仪器主机和电脑,清理实验台和实验室。

五、数据处理

将测得的红外光谱图进行解析,对谱图中 4000~400 cm^{-1} 区域的主要峰进行归属讨论与解析,并将数据结论填入表 7-3-1。

表 7-3-1　苯甲酸的主要谱带位置及对应的基团振动形式

序号	谱带位置/cm^{-1}	对应的基团振动形式
1		
2		
3		
4		
5		
6		
...		

六、注意事项

① 测试前，需用脱脂酒精棉擦拭玛瑙研钵及压片模具组合的各个零部件，在红外灯下干燥，备用。

② KBr 粉末应事先在 110 ℃烘干 48 h 以上，并在干燥器中保存，备用。

③ 背景及样品的制备应在红外干燥灯下进行，防止制样过程中吸水受潮。

④ 充分研磨溴化钾粉末和固体试样，研磨颗粒应达到 2 μm 以下。

⑤ KBr 粉末和试样的质量比应在 （100～150）∶1 之间，并一起研磨使其均匀混合。

⑥ 压制成的薄片应均匀、无裂痕，尽可能透明，不要太厚也不要太薄，太厚会导致透光率过低，太薄会导致透光率过高并容易碎裂。

⑦ 仪器一定要安装在稳定牢固的实验台上，远离振动源，实验过程中禁止敲打、振动仪器。

⑧ 测试完毕后将研钵、压片模具等红外附件及时擦拭干净，样品池中的样品取出。样品室应保持干燥，应及时更换干燥剂。

七、思考题

① 红外试样研磨为何需在红外灯下进行操作？

② 用压片法制样时，为什么要求研磨到粒度在 2 μm 以下？

③ 为什么要使用溴化钾作背景？测试时为什么要扣除背景？

实验 7-2　薄膜法测定聚合物的红外光谱分析

一、实验目的

① 了解高分子聚合物的薄膜法测试技术。

② 掌握红外光谱图解析方法。

③ 熟练掌握红外光谱仪的使用方法。

二、实验原理

聚乙烯（PE）、聚丙烯（PP）、聚苯乙烯（PS）等高分子聚合物常常用作塑料原料。在红外光谱分析中，对于这类熔点低、熔融时不发生分解、不升华、不发生化学反应的物质，可采用制备薄膜的方法进行测试。薄膜可通过挥发成膜或熔融热压成膜等方式制备。高分子聚合物在常温下是固体，在高温下可熔融软化，软化后进行模塑加工成型，冷却后能保持其模塑形状。一般直接加热熔融后在金属、玻璃或聚四氟乙烯等光滑的平板上压制成薄膜状进行测定。厚度在 $50~\mu m$ 以下的高聚物薄膜可以空气为背景直接进行红外光谱测定。

聚乙烯，简称 PE，是乙烯的聚合物，无毒。容易着色，化学稳定性好，耐寒，耐辐射，电绝缘性好。它适合作食品和药物的包装材料，制作食具、医疗器械，还可作电子工业的绝缘材料等。

聚丙烯，简称 PP，是丙烯的聚合物，是一种半结晶的热塑性塑料。具有较高的耐冲击性，机械性质强韧，抗多种有机溶剂和酸碱腐蚀，是常见的高分子材料，如微波炉餐盒制品。

聚苯乙烯，简称 PS。光泽和透明性很好，类似于玻璃，性脆易断裂，用指甲可以在制品表面划出痕迹。改性聚苯乙烯为不透明。常见制品如文具、杯子、食品容器、家电外壳、电气配件等。

三、仪器与试剂

仪器：傅里叶变换光谱仪、加热电炉、玻璃板或聚四氟乙烯板、镊子、手套。

试剂：KBr（光谱纯）、聚乙烯（PE）母粒、聚丙烯（PP）母粒、聚苯乙烯（PS）母粒。

四、实验步骤

① 开机：先打开红外主机电源开关，再打开电脑及工作站，进行联机。

② 样品薄膜制备及扫描：取聚乙烯颗粒 1～2 粒，置于玻璃板上加热熔融软化，待其热熔至透明状后离开热源，立即盖上玻璃板进行按压，压制成薄膜。待冷却后取下玻璃板，用镊子取下薄膜。若薄膜较硬不易取下，可再次受热待略微软化再夹取，同时避免薄膜变形。将取下的薄膜材料夹在样品板上放入仪器中，扫描测定其红外光谱图，记录其特征峰位。

③ 按上述方法分别测定聚苯乙烯和聚丙烯的红外光谱，并记录其特征峰位。

④ 对比上述三种聚合物材料的红外光谱特征峰，并对其峰位的异同进行分析。

⑤ 实验完毕，取出样品，按步骤关闭仪器，清理实验台及实验室。

五、数据处理

将测得的红外光谱图进行解析，对谱图中 $4000～400~cm^{-1}$ 区域的主要峰进行归属讨论与解析，并将数据结论填入表 7-3-2～表 7-3-4，并对三种聚合物材料红外光谱特征峰的异同点进行分析讨论。

表 7-3-2　苯乙烯的主要谱带位置及对应的振动形式

序号	谱带位置/cm^{-1}	对应的基团振动形式
1		
2		
3		
4		
...		

表 7-3-3　聚苯乙烯的主要谱带位置及对应的振动形式

序号	谱带位置/cm^{-1}	对应的基团振动形式
1		
2		
3		
4		
5		
6		
7		
...		

表 7-3-4　聚丙烯的主要谱带位置及对应的振动形式

序号	谱带位置/cm^{-1}	对应的基团振动形式
1		
2		
3		
4		
5		
6		
...		

六、注意事项

① 压制的薄膜，厚度应在 0.5 mm 以下，以免透光率太小导致超出仪器量程，无法读取峰位。

② 采用电炉加热时，注意加热时间不宜过长，避免平板变形。聚合物材料在高温下容易糊化变黄。加热时间一般为 1～2 min，待材料变透明状后应立即取下。

③ 应冷却、定型后再取下薄膜，如太硬无法取下可略微加热软化再夹取，同时避免薄膜变形。

④ 实验过程应注意安全，避免烫伤、割伤等。

七、思考题

① 聚合物红外光谱测试应该采用什么作背景？

② 如何通过红外光谱区分聚乙烯、聚苯乙烯和聚丙烯三种高分子材料？

实验 7-3 液膜法测定有机化合物的红外光谱分析

一、实验目的

① 了解液体样品红外光谱的常用测定方法。

② 掌握液膜法测定高分子聚合物的基本方法。

③ 掌握醛、酮及酯类有机化合物的红外谱图特征。

④ 熟练红外光谱仪的操作及使用。

二、实验原理

在红外光谱测试中，对于液体样品，常用的制样方法有液膜法和溶液法。其中，液膜法是在可拆液体池两片窗片之间，滴上 1~2 滴液体试样，使之形成薄的液膜来进行测试的方法。溶液法是将试样溶解在合适的溶剂中，然后用注射器注入固定液体池中进行测试。在实际测试中，尽量不使用溶液法，这是因为溶剂会引起红外吸收干扰，只有当试样无法满足液膜法制样要求或试样分子容易相互缔合时，才采用溶液法。液膜法适用于不易挥发的液体（$b_m > 80\ ℃$）或者黏稠溶液。对于易挥发或黏稠液体，需注入液体池中密封，用溶液法进行测试。测试时需注意不能引入气泡。对于固体试样，也可以采用易挥发的溶剂（如无水乙醇、丙酮、四氢呋喃等）将其稀释或溶解，再滴加在窗片上，待溶剂挥发掉，样品在窗片上均匀成膜，再进行测量。

三、仪器与试剂

仪器：傅里叶变换红外光谱仪、可拆卸液体池架、红外干燥灯、滴管。

试剂：苯甲醛、苯乙酮、乙酸乙酯、KBr（晶片）、无水乙醇、脱脂棉。

四、实验步骤

1. 开机，打开工作站

2. 背景扫描

用无水乙醇脱脂棉清洁 KBr 晶片，并安装在可拆卸液体池架上，待其干燥后进行背景扫描。

3. 样品扫描

用滴管吸取苯甲醛待测试样，滴加 1～2 滴在 KBr 晶片上，再压上另一片晶片，安装入液体池架中。将池架放入样品池卡槽中进行样品扫描。用同样方法测定苯乙酮和乙酸乙酯样品。

4. 谱图解析

读取相应的峰位数据，找出特征吸收峰并进行记录。

对比三种样品的红外光谱特征峰，并对其特征峰位进行分析。

五、数据处理

将测得的红外光谱图进行解析，对谱图中 $4000\sim400\ cm^{-1}$ 区域的主要峰进行归属讨论与解析，并将数据结论填入表 7-3-5～表 7-3-7，对醛、酮及酯类有机化合物的特征峰位进行讨论。

表 7-3-5 苯甲醛的主要谱带位置及对应的振动形式

序号	谱带位置/cm^{-1}	对应的基团振动形式
1		
2		
3		
4		
...		

表 7-3-6 苯乙酮的主要谱带位置及对应的振动形式

序号	谱带位置/cm^{-1}	对应的基团振动形式
1		
2		
3		
4		
...		

表 7-3-7 乙酸乙酯的主要谱带位置及对应的振动形式

序号	谱带位置/cm^{-1}	对应的基团振动形式
1		
2		
3		
4		
...		

六、注意事项

① 可拆卸液体池架螺丝不能拧得过紧，以免导致晶片碎裂。

② 该方法不能测试含水样品，亦不能用水及含水溶剂擦拭清洁 KBr 晶片，测试完成后需用丙酮或氯仿等溶剂将晶片擦拭干净并完全晾干，置于干燥器备用。

七、思考题

① 如何通过红外光谱图对醛、酮及酯类化合物进行区分和鉴定？

② 液膜法测试液体样品有哪些要求？

实验 7-4　差减法测定混合物的红外光谱分析

一、实验目的

① 掌握红外光谱差减法基本原理及应用。

② 熟悉 KBr 压片法处理固体样品的制样技术。

③ 熟练红外光谱仪的使用。

二、实验原理

当多种组分混杂时，只要混合时没有发生化学反应，混合物的光谱就是每种组分光谱的总和。因此通过获取混合物光谱和一些组分的光谱的差别就可以得到其他组分的光谱。这种方法称为光谱差减。该方法经常在 FTIR 的粗略定性及半定量分析中用到。光谱差减的公式如下：

$$光谱差减＝混合－组分×K$$

因子 $K(0 < K < 1)$ 代表了混合光谱中组分光谱所占比例，K 值可以估计。如果 K 取值比实际值小，则差减不充分，差减结果光谱中仍然有组分光谱存在；反之，如果 K 取值比实际值大，则差减过量，差减结果光谱中会出现相反的吸收情况。

三、仪器与试剂

仪器：傅里叶变换光谱仪、液压式压片机、压片模具组合、玛瑙研钵。

试剂：KBr（光谱纯）、苯甲酸、硼酸。

四、实验步骤

1. 开机

① 先打开红外主机电源开关，再打开电脑。

② 双击桌面图标【IRsolution】，点击【测定】菜单栏项下【初始化】按钮进行联机。

2. 样品的制备

(1) 背景试样的制备与背景谱图扫描

取烘干的 KBr 粉末，倒入玛瑙研钵中研磨至 $2\ \mu m$ 后，置入压片磨具中压片、装样，扫描空白背景谱图，保存。

(2) 样品的制备与样品谱图扫描

取烘干的苯甲酸 5 mg 左右放入研钵中，加入 500 mg 左右的 KBr 粉末混合研磨至 $2\ \mu m$，研磨约 10 min，压片，得到苯甲酸样片，装入样品池，扫描得到谱图"pure1. smf"，保存。

同样方法分别取约 5 mg 的硼酸与苯甲酸样品，与 1000 mg 左右的 KBr 粉末混合研磨，进行压片，扫描得到谱图"mix. smf"，保存。

3. 混合物光谱差减操作

在查看模式下，打开"pure1. smf"和"mix. smf"，点击"mix. smf"光谱将其激活。然后点击菜单栏【处理 2】项下【数据集运算】。在树状视图中选择"mix. smf"，点击鼠标右键，选择【发送到源】。然后选择【pure1. smf】，点击鼠标右键，选择【发送到参比】。两个光谱就重叠在屏幕上。选择【四则运算】中的【数据相减】，调节参数，K 取值 0.5，点击【计算】按钮，调节因子 K 的大小，就得到了硼酸的红外吸收光谱图。

4. 图谱分析

采用谱图检索法或者谱图解析法对硼酸的红外吸收光谱图进行定性分析，最终确定混合物中各组分的组成情况。

五、实验结果

将结果记录于表 7-3-8 中，并讨论差减后的谱图与硼酸标准品谱图的主要谱带位置差异，说明差减是否充分。

表 7-3-8　差减谱图与硼酸标准品谱图中主要谱带位置及对比

序号	差减谱图的主要谱带位置/cm^{-1}	硼酸标准品的谱带位置/cm^{-1}	基团振动形式
1			
2			

序号	差减谱图的主要谱带位置/cm^{-1}	硼酸标准品的谱带位置/cm^{-1}	基团振动形式
3			
4			
...			

六、注意事项

    K 的取值代表被差减组分的占比,在混合配比未知的情况下,需通过差减谱图预估 K 值。

七、思考题

    ① 在结果处理时,该方法有哪些优点和缺点?
    ② 就红外光谱差减法的应用范围进行讨论。

第 8 章

分子荧光光谱实验

8.1 基本原理

8.1.1 荧光的产生

分子发光分析是基于被测物质的基态分子吸收能量被激发到较高电子能态后，在返回基态过程中，以辐射的方式释放能量，通过测量辐射光的强度，对被测物质进行定量测定的一类分析方法。根据提供能量的方式对分子发光进行分类可分为光致发光、化学发光、热致发光、场致发光。其中分子荧光分析法（molecular fluorescence analysis）、分子磷光分析法（molecular phosphorescence analysis）和化学发光分析法（chemiluminescence analysis）均属于光致发光。

分子能级比原子能级复杂，在每个电子能级上，都存在振动、转动能级，电子从基态（S_0）跃迁至激发态（S_1、S_2、激发态振动能级）会吸收特定频率的辐射；这种跃迁是量子化的，一次到位地跃迁到一定能级上；处于高能级状态的电子不稳定，有跃迁回低能级状态的趋势。

电子激发态的多重度：$M = 2S + 1$，其中 S 为电子自旋量子数的代数和（0或1）。根据洪特规则，处于分立轨道上的非成对电子，平行自旋比成对自旋稳定，因此三重态能级比相应单重态能级低；大多数有机分子的基态处于单重态（Pauli 不相容原理，电子自旋配对），处于分子基态单重态的电子对，其自旋方向相反，当其中一个电子被激发时，通常跃迁至第一激发单重态轨道上，也可能跃迁至能级更高的单重态上。这种跃迁是符合光谱选律的，如果跃迁至第一激发三重态轨道上，则属于禁阻跃迁。单重态与三重态的区别在于电子自旋方向不同，激发三重态具有较低能级，如图 8-1-1 所示。

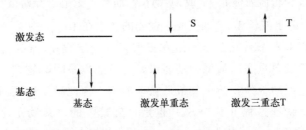

图 8-1-1 电子激发多重度示意图

在单重激发态中，两个电子平行自旋，单重态分子具有抗磁性，其激发态

的平均寿命大约为 10^{-8} s，而三重态分子具有顺磁性，其激发态的平均寿命为 $10^{-4}\sim10$ s 以上（通常用 S 和 T 分别表示单重态和三重态）。电子从激发态回到基态的跃迁有多种途径和方式，通常以辐射跃迁方式或无辐射跃迁方式再回到基态（图 8-1-2），其中以速度最快、激发态寿命最短的途径占优势。辐射跃迁主要涉及荧光、延迟荧光或磷光的发射；无辐射跃迁则是指以热的形式辐射其多余的能量，包括振动弛豫（VR）、内部转移（IR）、系间跨越（ISC）及外部转移（EC）等，各种跃迁方式发生的可能性及程度，与荧光物质本身的结构及激发时的物理和化学环境等因素有关。

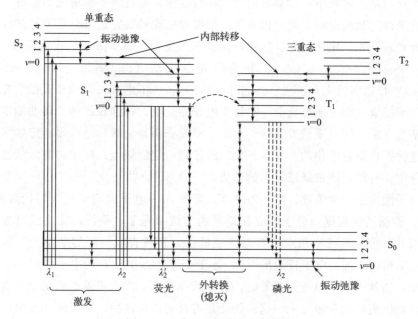

图 8-1-2　分子的部分电子能级图

处于第一激发单重态的电子跃回至基态各振动能级时，将得到最大波长为 λ_3 的荧光。λ_3 的波长较激发波长 λ_1 或 λ_2 都长，而且不论电子开始被激发至什么高能级，最终将只发射出波长为 λ_3 的荧光。荧光的产生在 $10^{-9}\sim10^{-7}$ s 内完成。

电子由基态单重态激发至第一激发三重态的概率很小，因为这是禁阻跃迁。但是，由第一激发单重态的最低振动能级，有可能以系间跨越方式转至第一激发三重态，再经过振动弛豫，转至其最低振动能级，由此激发态跃回至基态时，便发射磷光，这个跃迁过程（$T_1 \rightarrow S_0$）也是自旋禁阻的，其发光速率较慢，约为 $10^{-4}\sim10$ s。因此，这种跃迁所发射的光，在光照停止后，仍可持续一段时间。

荧光是由激发单重态最低振动能级至基态各振动能级间跃迁产生的（单重态-单重态跃迁产生）；磷光是由激发三重态的最低振动能级至基态各振动能级间跃迁产生的（三重态-单重态跃迁产生），这是荧光与磷光的根本区别。

8.1.2　荧光的定量分析

根据荧光效率的定义：

$$F = \varphi I_a$$

根据比尔定律：

$$I_a = I_0 - I_t = I_0(1 - 10^{-\varepsilon bc})$$

$$e^{-2.3\varepsilon bc} = 1 - 2.3\varepsilon bc - \frac{(2.3\varepsilon bc)^2}{2!} - \frac{(2.3\varepsilon bc)^3}{3!} - \cdots\cdots$$

$$F = \varphi I_0(1 - e^{-2.3\varepsilon bc})$$

对于稀溶液有：

$$F = 2.3\varphi I_0 \varepsilon bc$$

该式为荧光分析的基本依据。当入射光强度 I_0 和 b 一定时，上式可表示为

$$F = Kc$$

即荧光强度与荧光物质的浓度成正比，但这种线性关系只有在极稀溶液中，当 $\varepsilon bc \leqslant 0.05$ 时才成立。对于较浓溶液，由于猝灭现象和自吸收等原因，荧光强度和浓度不成线性关系。

8.1.3　荧光分析仪

荧光分析仪由四个部分组成：激发光源、样品池、双单色器系统、检测器。其结构简图如图 8-1-3 所示。由光源发射的光经第一单色器得到所需的激发光波长，通过样品池后，一部分光能被荧光物质所吸收，荧光物质被激发后，发射荧光。为了消除入射光和散射光的影响，荧光的测量通常在与激发光成直角的方向上进行。为消除可能共存的其他光线的干扰，如由激发所产生的反射光、Raman

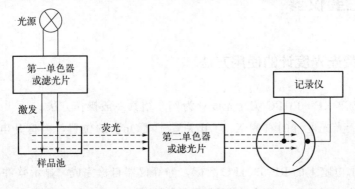

图 8-1-3　荧光分光光度计结构示意图

光，以及为将溶液中杂质所产生的荧光滤去，以获得所需的荧光，在样品池和检测器之间设置了第二单色器。荧光作用于检测器上，得到响应的电信号。

8.1.4　荧光光谱的特点及应用

荧光光谱分析法具有以下特点：灵敏度高，比紫外-可见分光光度法高 2～4 个数量级。视不同物质，检测下限在 $0.1～0.001 \; g \cdot mL^{-1}$ 之间；选择性好，可同时用激发光谱和荧光发射光谱定性；能够获得的结构信息量多，包括物质激发光谱、发射光谱、光强、荧光量子效率、荧光寿命等；试样量少，方法简单；等等。

但荧光光谱分析法还具有以下不足：发荧光的物质不具普遍性、增强荧光的方法有限、外界环境对荧光量子效率影响大；本身能发荧光的物质相对较少，用加入某种试剂的方法将非荧光物质转化为荧光物质进行分析，其数量也不多；由于荧光分析的灵敏度高，测定对环境因素敏感，干扰因素较多。

目前荧光光谱分析主要应用于以下几个方面：

（1）定量分析

适用于微量及痕量无机离子、有机化合物及生物分子的定量分析，多通过间接方法实现，如荧光猝灭法，相对于 UV-Vis，定量测定的应用范围小。

（2）联用技术的检测器

用于高效液相色谱、毛细管电泳的检测器。微型化分析方法如基因芯片、微流控芯片的检测手段。

（3）分子结构性能测定

可为分子结构及分子间相互作用的研究提供有用的信息。

8.2　主要仪器

8.2.1　荧光光度计的使用方法

现以岛津 RF-5301PC 荧光光度计为例介绍其一般操作方法。

① 将荧光光度计的右侧 Xe 灯开关置于【On】的位置，再打开电源开关和电脑电源。

② 双击电脑上的 RF-5301PC 图标，静等仪器自检完成，显示软件界面窗口。

③ 预热：开机预热 20 min 后才能进行测定工作。

④ 新建文件夹：在 Data 文件夹里新建本次所做实验的子文件夹，并点击软件中的【Configure】选择【PC Configuration】设定存盘路径。

⑤ 启动 RF-5301PC 后在【Acquire Mode】测量模式菜单栏中选择分析模式（Spectrum 光谱分析、Quantitative 定量分析、Time Course 时间分析三种可选）。

⑥ 设定参数：根据测量方式在 Configure 的 Parameter 里设定合适的参数。

⑦ 置入样品：将已经装入样品的四面擦净后的石英荧光比色皿放入样品室内样品槽后，将盖子盖好。

⑧ 测试：参数设定完毕后，按照各模式的操作规程进行测试，结束后输入文件名将文件储存。

⑨ 数据保存：选择【File】中的【Save Channel】对曲线进行保存，并点击【Save As】保存数据，将测试数据保存到相应的子目录下。也可以点击【Delete】删除数据。

⑩ 数据转换：点击【File】选择【Data Translation】→【ASCII Export】（数据文本）或【DIF Export】（图片形式）进行数据转换。

⑪ 关机：测试完毕后，关闭电脑。之后要先关闭氙灯（Xe 灯开关置于"Off"位置），散热 20 min 后，再关闭电源开关。

8.2.1.1　光谱分析（Spectrum）

① 从【Acquire Mode】菜单中选【Spectrum】，进入光谱模式。

② 从【Configure】设置菜单中选择【Parameters】参数，可根据实验具体情况选择扫描光谱的类型，若扫描激发波长则固定发射波长，设置要扫描的激发波长范围。可设置荧光强度范围（即扫描图中的纵坐标大小），可设置扫描速度、扫描间隔、狭缝宽度。选择灵敏度，设置是否重复扫描，点击【OK】确定。回到主界面。

③ 若样品激发光谱的发射波长或发射光谱的激发波长未知，则在上述对话框中设置合适的激发发射狭缝宽度，灵敏度（控制荧光强度不会过大），放置样品，在主界面中点击【Search λ】图标，在弹出的对话框中选择激发光和发射光的范围以及激发光的波长间隔，点击【Search】按钮，等待一段时间，由仪器给出最优波长。

④ 数据采集：放置样品，点击【Start】开始测定，测定完毕后，在弹出的对话框中输入文件名，点击【Save】保存。

⑤ 扫描完成后，出现光谱曲线，若曲线与坐标轴比例不适宜，可单击鼠标右键，选择【Radar】中【Both Axes】选项，软件自动平衡合适的横纵坐标。

⑥ 在谱图上点击右键，出现参数设置快捷菜单，选择【Cross Hair】中【Display】，出现鼠标交叉指针，能显示曲线上某点的横纵坐标值。

⑦ 图谱扫描完成后，在【Manipulate】操作中可以进行数据打印、寻峰、求峰面积、显示任意点的荧光强度值等操作。选择【Data Print】数据打印，显示基本信息、实验参数设置和所测光谱的数据，每纳米显示一个荧光强度值。选择【Peak Pick】（寻峰），出现与"Data Print"一样的仪器信息和实验参数设置，所不同的是"Data Print"显示各个波长对应的荧光强度值，"Peak Pick"只显示波峰值。

若需改变寻峰条件，可在结果对话框中选择【Options】—【Change Threshold】，在弹出的对话框中设置域值。

⑧ 选择【Point Pick】（选点，即显示特定点的荧光值），可以显示谱图上任意波长的荧光值，只要输入要显示的波长（最多可输入 15 个波长值），即出现显示荧光值的界面。

⑨ 由于配套软件只有 10 个数据通道（Channel），界面最多同时显示 10 个谱图，可以删掉 Channel 中已保存或不需要的数据，留出通道显示新的谱图。通过"File"菜单栏中选择【Channel】—【Erase Channel】，在对话框中勾选要删除的通道，点击【OK】。

8.2.1.2 定量分析（Quantitative）

① 在【Acquire Mode】菜单中选择【Quantitative】定量，进入定量模式。

② 参数设置。若要测量单个样品的数值，可从【Method】方法下拉菜单中选择【Raw Data Measurement】原始数据测量，点击【OK】回到主菜单；若要作标准曲线，则在【Method】下拉菜单中选择【Multipoint Working Curve】多点工作曲线，依次设置好激发（EX）和发射（EM）光波长、激发发射狭缝 Slit 宽、灵敏度 Sensitivity、浓度 Concentration，及强度记录 Recording 的单位 Units、范围 Range 等，点击【OK】弹出多点工作曲线设置界面，设置标准曲线级数（若为直线则选择"1st"）和截距（选"Yes"则表示曲线过原点），确定所有参数后，点击【OK】回到主菜单界面。

③ 进入标准曲线制作界面。放入空白溶剂后，自动调零。

④ 调零后，将第一个标准样品装入池槽中，点击【Read】读数，会出现 Edit 对话框。输入标准样品的浓度值并点击【OK】键。

⑤ 重复上一步继续处理标准样品。一旦获得足够多的标准样数据，在软件上会自动显示工作曲线，并给出曲线方程（勾选【Presentation】中的【Display Equation】可见）。

⑥ 工作曲线绘制完成后，测定未知样的浓度。点击未知样品按钮。然后将未知样品放入池槽中，点击【Read】屏幕上会显示未知样品的荧光强度值及其浓度值。

⑦ 同光谱分析模式一样，定量分析也可以进行数据处理，其操作方法与光谱模式完全一致，请参阅光谱分析部分相应的设置。

8.2.1.3 时间分析（Time Course）

① 在"Acquire Mode"菜单中选择"Time Course"时间分析，进入动力学模式，会自动显示 Time Course 参数对话框。

② 设置相应的实验参数，如激发/发射光波长、狭缝宽、灵敏度、反应时间、强度范围及计时方式。计时方式可选择"Auto"或"Manual"，Auto 方式下，给定时间总量后，采样间隔和采样点自动设定；"Manual"方式下，需设置采样间隔和采样点并指明时间单位。也可以将参数保存以便下次载入，完毕后点击【OK】。

③ 将空白溶剂放入池槽中，自动调零。

④ 将样品装入池槽中，开始采集数据。

⑤ 测试结束后系统自动跳出对话框，输入文件名后点击［Save As］将测试数据保存至选定路径，并进行数据转换。

⑥ 活度计算。选择"Manipulate""Data Print"，在弹出的对话框中选择"Act. Calc"，在出现的对话框中点击"Recalc."，其他操作与光谱分析基本一致，请参阅光谱分析部分。

8.2.2 荧光光度计使用注意事项

① 开机时，请确保先开氙灯开关，再开主机电源（光度计的右侧）。每次开机后请先确认排热风扇是否工作正常，以确保仪器正常工作，发现风扇有故障，应停机检查。

② 当操作者或其他干扰引起软件错误时，可重新启动计算机，但无须关断氙灯电源。

③ 若长时间不测量，应将仪器开关旁边的氙灯开关拨到关的位置。

④ 仪器自检和扫描的过程中，不要打开样品室盖。

⑤ 软件不会自动保存数据，测试完成后，所有数据如要保存都必须点击"Save"或"Save As"进行保存，否则数据会丢失。

⑥ 荧光分光光度计使用的比色皿是四面透光的，使用时应手持其棱角处，不能接触光面，用力不可过大。同时注意轻拿轻放，防止破损。盛装溶液时，高度为比色皿的 2/3 处即可，表面如有残液可用擦镜纸沿同一方向擦拭干。用毕后，用水将其清洗干净，倒置在清洁处沥干备用。为避免实验测量误差，比色皿需保持清洁和无划痕，使用后应立即用适当溶剂冲洗至少三次。此外，可定期用

浓盐酸：水：甲醇（1：3：4）清洗液浸洗，如果比色皿被有机物污染，宜用浓盐酸：乙醇（1：2）混合液浸洗，也可用相应的有机溶剂如醇醚混合物浸泡洗涤。最后用水冲洗干净。不建议超声及用洗液洗，不可用碱液洗涤。

⑦ 使用荧光分光光度计时，要保证样品室绝对干净并定期进行清理，小心放入样品，放入比色皿前一定要先用擦镜纸将比色皿外表面擦拭干净，否则会污染样品室。

⑧ 光学器件和仪器运行环境需保持清洁。切勿将比色皿放在仪器上。清洁仪器外表时，请勿使用乙醇、乙醚等有机溶剂，请勿在工作中进行清洁，不使用时请加防尘罩。

⑨ 氙灯长时间使用（1000 h以上）可能会发生爆炸，所以保证期提示后，应及时更换。

⑩ 为延长氙灯的使用寿命，实验完毕后要先关闭氙灯，不关主机电源，等风扇散热完毕后再关闭电源。

8.3 典型实验

实验 8-1　荧光素含量的测定

一、实验目的

① 学习荧光分析法的基本原理。
② 了解荧光分光光度计的结构和使用方法。

二、实验原理

荧光分光光度计又称荧光光谱仪，一般由光源、激发单色器、发射单色器、样品池、检测器、显示装置等组成，能提供包括激发光谱、发射光谱以及荧光强度等参数信息，可反映分子的成键和结构情况，是一种定性、定量分析的仪器。

荧光的产生是由于基态分子吸收能量（电能、热能、化学能或光能等）后被激发为激发态分子，处于激发态的分子是不稳定的，它可以通过不同的途径回到基态，这一过程称为去活化，分为辐射跃迁和非辐射跃迁两种途径。一些物质的分子会通过相互间碰撞或和其他分子如溶剂分子碰撞等消耗能量，这种去活化称为非辐射跃迁，它不会发光；若以发射电磁辐射（即光）的形式释放能量，称为"发光"，其中，当分子由激发态的最低振动能级跃迁回基态各振动能级时，则以荧光的发光形式释放能量。荧光分析法是基于物质的光致发光现象而产生荧光的特性及其发光强度而对物质进行定性和定量分析的方法。目前荧光分析法已经发展成为一种重要且有效的光谱化学分析手段。

荧光素是具有光致发光特性的染料，是可用来标记的荧光分子，通常称为"荧光标记分子""荧光探针"或"荧光染料"，其结构如图8-3-1所示。荧光标记技术起源于20世纪40年代，最常用的有荧光素类和罗丹明类衍生物，荧光素类如异硫氰酸荧光素、四氯荧光素、羟基荧光素、四甲基异硫氰酸罗丹明等，结合一些分子识别物质作为探针，与被识别的检测对象反应后，根据荧光标记分子在反应前后的荧光强度变化，可对被检测对象进行定量分析，在核酸的检测与疾病早期的诊断等生物医学领域发挥了重要的作用。

图 8-3-1　荧光素（左）及荧光素钠（右）的分子结构式

在稀溶液中，荧光强度与溶液浓度有以下定量关系：

$$I_f = 2.3\varphi I_0 \varepsilon bc$$

当条件一定时，荧光强度和荧光物质浓度成线性关系。上式可表示为

$$I_f = Kc$$

式中，I_f 为荧光强度；K 为常数；c 为液体的浓度。这是荧光光谱法定量分析的理论依据。

三、仪器与试剂

仪器：荧光光度计。

试剂：荧光素（分析纯）、NaOH 溶液、未知样品。

四、实验步骤

1. 标准溶液的配制

荧光素标准液 I　称 0.0166 g 荧光素，加少量水溶解，再加 1 mol·L^{-1} NaOH 溶液 5 mL，用水稀释至 50mL。

荧光素标准液 II　取 1 mL 上述标准液 I 于 100 mL 容量瓶中，加 1 mol·L^{-1} NaOH 溶液 10 mL，用水稀释定容。

2. 扫描激发光谱和荧光光谱

取荧光素标准液 II 1 mL 于 25 mL 容量瓶中，加 2.5 mL 1 mol·L^{-1} NaOH

溶液，用水稀释至刻度。将该溶液装入样品池中，检测最大激发波长和最大发射波长。

3. 荧光素的定量分析

(1) 绘制标准曲线

取荧光素标准液 II 0.5 mL、1.0 mL、1.5 mL、2.0 mL，分别置于 4 个 25 mL 容量瓶中，再分别加 2.5 mL 1 mol·L^{-1} NaOH 溶液，加水定容至刻度，测量荧光强度。

(2) 测定未知样品

取 5 mL 待测未知样溶液，于 50 mL 容量瓶中，并加入 5 mL 1 mol·L^{-1} NaOH 溶液，加水定容至刻度。以相同的实验条件测量荧光强度并记录浓度。

五、数据处理

1. 记录数据

① 记录荧光素的最大激发波长和最大发射波长 λ：

EX：_____   EM：_____

② 荧光素标准溶液和样品的浓度及其荧光强度记录于表 8-3-1。

表 8-3-1　荧光素标准溶液和样品的浓度及其荧光强度

样品编号	1	2	3	4	未知样品
$c/\mu g \cdot mL^{-1}$	0.0664	0.1328	0.1992	0.2656	
I_f					

2. 绘制荧光素标准曲线
3. 求得未知样品的含量

六、思考题

① 荧光池为什么四面透光？
② 为什么在配制荧光素溶液时加入 NaOH？

实验 8-2　荧光分析法测定维生素 B$_2$ 片中核黄素的含量

一、实验目的

① 学习和掌握荧光分析法的基本原理和应用。
② 熟悉荧光分光光度计的结构和使用方法。

二、实验原理

在紫外光或波长较短的可见光照射后，一些物质会发射出比入射光波长更长的荧光。以测量荧光强度和波长为基础的分析方法叫作荧光分光光度分析法。对于荧光物质的低浓度溶液，在一定条件下，该物质的荧光强度 I_f 与该溶液的浓度 c 成正比，即 $I_f = Kc$，由此根据物质所辐射的荧光强度即可确定该物质的含量。核黄素易溶于水而不溶于乙醚等有机溶剂，在中性或酸性溶液中稳定，光照易分解，对热稳定。化学名为 7,8-二甲基-10[(2S,3S,4R)-2,3,4,5-四羟基戊基]3,10-二氢苯并蝶啶-2,4-二酮，分子式 $C_{17}H_{20}N_4O_6$，分子量 376.36，分子结构如图 8-3-2 所示。

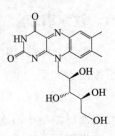

图 8-3-2 核黄素
结构式

三、仪器与试剂

仪器：荧光光度计。

试剂：核黄素标准溶液、医用维生素 B_2 片。

四、实验步骤

1. 系列标准溶液的配制

取 4 个 50 mL 容量瓶，分别加入 1.0 mL、2.0 mL、3.0 mL、4.0 mL 核黄素标准溶液，用去离子水稀释至刻度，摇匀，备用。

2. 待测试样的制备

取医用维生素 B_2 片剂 1 片，准确称取 5.0 mg，置于 50 mL 烧杯中，加少量去离子水溶解，定容于 1000 mL 容量瓶中，吸取 5 mL 上述溶液于 100 mL 容量瓶中，用去离子水稀释至刻度，摇匀，备用。

3. 确定核黄素的最大激发波长和最大发射波长

用核黄素标准溶液进行荧光扫描，确定最大激发波长和最大发射波长 λ：

EX：_____ EM：_____

4. 绘制工作曲线，并标注待测样品位置

数据记录于表 8-3-2。

表 8-3-2 核黄素溶液和样品的浓度及其荧光强度

样品编号	1	2	3	4	待测样品
$c/\mu g \cdot mL^{-1}$	0.2	0.4	0.6	0.8	
I_f					

五、数据处理

① 绘制核黄素标准曲线图（标注待测样品）。
② 计算药片中核黄素的含量，用 mg/片表示。

六、注意事项

① 操作时，用手小心持拿比色皿，并避免机械碰撞、磨损、划痕，禁止用手按压透光面。
② 比色皿在使用之前应清洗干净。若比色皿很脏，清洗方法如下：用专用清洗液浸泡半小时左右，再用蒸馏水反复洗净，晾干备用。
③ 比色皿用完之后，应立即用蒸馏水洗净内外，倒置于清洁处晾干。
④ 定期清理仪器样品槽部分，以保持内部洁净。
⑤ 样品测定次序应从稀溶液到浓溶液，以减小误差。

七、思考题

① 荧光分光光度计与紫外分光光度计的两点主要区别是什么？
② 根据核黄素的结构特点，说明能发荧光的物质应具有哪些分子结构特征。

实验 8-3 分子荧光光度法测定奎宁的含量

一、实验目的

① 掌握荧光光度法的基本原理。
② 熟悉荧光光度计的结构及使用方法。
③ 熟悉荧光光度计的定量分析方法。

二、实验原理

当分子在紫外或可见光的照射下，吸收了辐射能后，形成激发态分子。激发态分子在返回基态的过程中，部分能量通过碰撞等产生非辐射跃迁以热能形式释放，跃至第一激发单重态的最低振动能级的分子，可能通过发射光子跃迁回到基态的各振动能级上，这个过程称为荧光发射。分子外层电子从第一激发态的最低振动能级跃至基态时，发射出来的光称为分子荧光。它是由光致发光产生的，通常分子荧光具有比照射光较长的波长。分子荧光强度可用下式表示：

$$F = 2.3K'\varphi\varepsilon bcI_0$$

当 b、I_0 一定时，$F = Kc$。

式中，K' 取决于仪器的检测效率；φ 是荧光物质的荧光效率（量子产率）；ε 是荧光物质的摩尔吸光系数；b 是样品池厚度；c 是荧光物质的浓度。

在一定条件下，荧光强度与物质的浓度成线性关系。又因荧光物质的猝灭效应，此法仅适用于痕量物质分析。奎宁在稀酸溶液中是强荧光物质，它有两个激发波长 250 nm 和 350 nm。荧光发射在 450 nm。在低浓度时，荧光强度与荧光物质量浓度成正比。

三、仪器与试剂

仪器：分子荧光光度计。

试剂：H_2SO_4 溶液（0.05 mol·L^{-1}）、奎宁标准溶液（100.0 μg·mL^{-1}）、奎宁药片。

四、实验步骤

1. 系列标准溶液的配制

取 6 只 5 mL 容量瓶，分别加入 100.0 μg·mL^{-1} 奎宁标准溶液 0.00 mL、2.00 mL、4.00 mL、6.00 mL、8.00 mL、10.00 mL，用 0.05 mol·L^{-1} H_2SO_4 溶液稀释至刻度，摇匀。

2. 绘制激发光谱和荧光发射光谱

在 200～400 nm 范围扫描激发光谱；在 400～600 nm 范围扫描荧光发射光谱。

3. 测量系列标准溶液荧光强度

将激发波长固定在 350 nm（或 250 nm），荧光发射波长固定在 450 nm，测量系列标准溶液的荧光强度。

4. 未知试样的测定

取 4～5 片奎宁药片，在研钵中研细，准确称取约 0.1 g，用 0.05 mol·L^{-1} H_2SO_4 溶解，全部转移至 1000 mL 容量瓶中，以 0.05 mol·L^{-1} H_2SO_4 稀释至刻度，摇匀。取溶液 5.00 mL 于 50 mL 容量瓶中，用 0.05 mol·L^{-1} H_2SO_4 溶液稀释至刻度，摇匀。在标准系列溶液同样测定条件下，测量试样溶液的荧光发射强度。

5. 绘制标准曲线

绘制荧光强度 F 对奎宁溶液浓度 c 的标准曲线，并由标准曲线求算未知试样的浓度，计算药片中的奎宁含量。ω（奎宁）＝ c（μg·mL^{-1}）×1000 mL×50/0.1 g。

五、数据处理

① 记录奎宁的最大激发波长和最大发射波长。

EX：_____ EM：_____

② 标准溶液和样品的浓度及其荧光强度。

数据记录于表 8-3-3。

表 8-3-3 标准溶液和样品的浓度及其荧光强度

样品	1	2	3	4	5	未知样品
$c/\mu g \cdot mL^{-1}$	4.0	8.0	12.0	16.0	20.0	
I_f						

六、思考题

① 荧光光谱仪的结构有什么特点？

② 在配制及测定荧光物质的过程中应该注意些什么？

实验 8-4　分子荧光法测定阿司匹林中
水杨酸和乙酰水杨酸的含量

一、实验目的

① 熟悉分子荧光法的基本原理和仪器操作。

② 掌握荧光分析法进行多组分含量分析的方法。

③ 了解如何设计荧光分析法实验方案。

二、实验原理

在紫外光或波长较短的可见光照射后，某些物质会发射出各种颜色和不同强度的比入射光波长更长的光，而当入射光停止照射时，所发射的光也随之很快消失，这种光称为荧光。荧光是一种光致发光现象。以测量荧光强度和波长为基础的分析方法叫作荧光分析法。任何荧光物质都具有两种特征的光谱，即激发光谱和发射光谱，如图 8-3-3 所示。

对于低浓度荧光物质的溶液，在一定条件下，该物质的荧光强度 I_f 与该溶液的浓度 c 成正比，即 $I_f = Kc$，由此根据物质所辐射的荧光强度可确定该物质的含量。阿司匹林是广泛使用的解热镇痛药，主要成分为乙酰水杨酸（ASA），

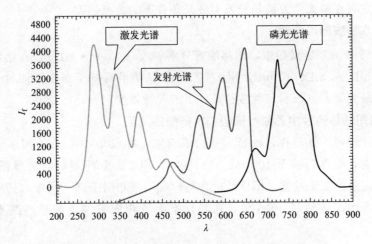

图 8-3-3　荧光分子的激发光谱、荧光光谱和磷光光谱图

摩尔质量 180.16 g·mol^{-1}，微溶于水，易溶于乙醇，结构式如图 8-3-4。阿司匹林是有机弱酸，水解即生成水杨酸（SA），因而在阿司匹林样品中会混有少量水杨酸。由于二者结构里都有苯环，具有一定的荧光效率，因而在氯仿作溶剂的条件下可采用分子荧光法进行测定。实验表明，加

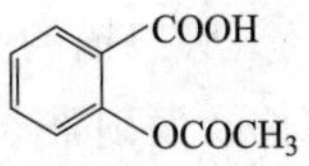

图 8-3-4　乙酰水杨酸结构式

入少许乙酸可以增加二者的荧光强度。在 1％乙酸-氯仿中，乙酰水杨酸和水杨酸的激发光谱和发射光谱中的激发波长和发射波长均不同，所以可在各自最佳波长下分别进行测定。

三、仪器与试剂

仪器：分子荧光光度计、石英荧光池。

试剂：乙酰水杨酸储备液、水杨酸储备液、氯仿（AR）、乙酸（AR）、阿司匹林药片。

四、实验步骤

1. 绘制 ASA 和 SA 的激发光谱和发射光谱

将乙酰水杨酸和水杨酸储备液各稀释 100 倍。用该溶液分别绘制二者的激发光谱和发射光谱，并分别找出它们的最大激发波长和发射波长。

2. 制作标准曲线

（1）乙酰水杨酸标准曲线

在 5 只 50 mL 容量瓶中，用移液管分别加入 4.00 μg·mL^{-1} ASA 溶液 2 mL、4 mL、6 mL、8 mL、10 mL，用 1％乙酸-氯仿溶液稀释至刻度，摇匀。

分别测量它们在最大激发波长和发射波长条件下的荧光强度。

（2）水杨酸标准曲线

在 5 只 50 mL 容量瓶中，用移液管分别加入 7.50 $\mu g \cdot mL^{-1}$ SA 溶液 2 mL、4 mL、6 mL、8 mL、10 mL，用 1‰乙酸-氯仿溶液稀释至刻度，摇匀。分别测量它们在最大激发波长和发射波长条件下的荧光强度。

3. 阿司匹林药片中乙酰水杨酸和水杨酸的测定

将 5 片阿司匹林药片，称量后研磨成粉末，称取 400.0 mg，用 1‰乙酸-氯仿溶液溶解，全部转移至 100 mL 容量瓶中，用 1‰乙酸-氯仿溶液稀释至刻度。迅速通过定量滤纸干过滤，用该滤液在与标准溶液相同条件下测量水杨酸的荧光强度。将上述滤液稀释 1000 倍，在与标准溶液相同条件下测量乙酰水杨酸的强度。

五、数据处理

① 从扫描的 ASA 和 SA 的激发光谱和荧光光谱曲线上，确定它们的最大激发波长及发射波长。

② 分别绘制 ASA 和 SA 标准曲线，并从标准曲线上确定阿司匹林试样溶液中 ASA 和 SA 的浓度，并计算每片阿司匹林药片中 ASA 和 SA 的含量（mg），并将 ASA 测定值与说明书上的值进行比较。

六、注意事项

① 比色皿用完之后，应立即用蒸馏水洗净，倒置晾干后收于比色皿盒中。

② 阿司匹林药片溶解后，1 h 内要完成测定，否则 ASA 的含量将降低。

③ 未知样品所测得的荧光值应在标准曲线的线性范围内。

七、思考题

① 荧光标准曲线是直线吗？若不是从何处开始弯曲？请分析原因。

② 从 ASA 和 SA 的激发光谱和发射光谱，解释本实验可在同一溶液中分别测定两种组分的原因。

③ 分析溶液环境的哪些因素会影响荧光发射。

第9章
热分析实验

9.1　基本原理

热分析是在受控程序温度下测量被测样品由于温度变化所引起的物理变化或化学变化。在热分析技术中最主要的是差示扫描量热法、差热分析法和热重分析法。

9.1.1　热重分析法（TG）

物质在加热过程中发生物理化学变化，质量也随之改变，因此，我们只要测定出物质质量的变化，就可研究其物理化学变化的过程。热重分析法（TG）就是在程序控制温度下，测量物质质量与温度关系的一种技术。热重实验得到的曲线称为热重曲线（即 TG 曲线）。TG 曲线以质量作纵坐标，从上向下表示质量减少；以温度（或时间）为横坐标，自左至右表示温度（或时间）增加。当被测物质在加热过程中升华、汽化、分解出气体或失去结晶水时，被测物质的质量就会减少，热重曲线就会下降；当被测物质在加热过程中被氧化时，被测物质的质量就会增加，热重曲线就会上升。通过分析热重曲线，就可以知道被测物质在多少温度时发生变化，并且根据所失质量，可以计算出失去了多少物质。热重法的主要特点是定量性强，能准确地测量物质的变化及变化的速率。热重法的实验结果与实验条件有关。

9.1.2　差热分析法（DTA）

差热分析法是在同一加热炉中由于温度变化测量样品和参比材料之间的温差，简称 DTA。许多物质在加热过程中会发生熔化、晶型转变、分解、化合、氧化、脱附等物理化学变化。这些变化必将伴随体系焓的改变，因而产生热效应，其表现为该物质与外界环境之间有温度差。选择一种对热稳定的物质作为参比物（常用经 1270 K 煅烧的高纯氧化铝粉 α-Al_2O_3），将其与样品一起置于电炉中，分别记录参比物的温度以及样品与参比物间的温度差。以温度差对温度作图就可以得到一条差热分析曲线 DTA。

如果参比物和被测物质的比热容大致相同，而被测物质又无热效应，则两者的温度基本相同，此时测到的是一条平滑的直线，该直线称为基线。一旦被测物质发生变化，因而产生了热效应，在差热分析曲线上就会有峰出现。热效应越大，峰的面积就越大。规定在 DTA 曲线中，峰顶向上的峰为放热峰，它表示被测物质的焓变小于零（$\Delta H < 0$），其温度将高于参比物；相反，峰顶向下的峰为吸热峰，表示试样的温度低于参比物。

9.1.3 差示扫描量热法（DSC）

差示扫描量热法是在程序控制温度下，测量输入到试样和参比物的功率差（如以热的形式）与温度的关系。差示扫描量热仪记录的曲线称 DSC 曲线，它以样品吸热或放热的速率，即热流率 dH/dt（mJ·s^{-1}）为纵坐标，以温度 T 或时间 t 为横坐标，可以测量多种热力学和动力学参数，例如比热容、反应热、转变热、相图、反应速率、结晶速率、高聚物结晶度、样品纯度等。该法使用温度范围宽（$-175 \sim 725\ ℃$）、分辨率高、试样用量少。适用于无机物、有机化合物及药物分析。

DSC 和 DTA 仪器装置相似，所不同的是在试样和参比物容器下装有两组补偿加热丝，当试样在加热过程中由于热效应与参比物之间出现温差 ΔT 时，通过差热放大电路和差动热量补偿放大器，使流入补偿电热丝的电流发生变化，当试样吸热时，补偿放大器使试样一边的电流立即增大；反之，当试样放热时，则使参比物一边的电流增大，直到两边热量平衡，温差 ΔT 消失为止。试样在热反应时发生的热量变化，由于及时输入电功率而得到补偿，所以实际记录的是试样和参比物下面两只电热补偿的热功率之差随时间 t 的变化关系。如果升温速率恒定，记录的也就是热功率之差随温度 T 的变化关系。因此，DTA 的测量是不定量的，而 DSC 可用于转变焓的定量测定。

如图 9-1-1 所示，样品坩埚与参比坩埚（通常为空坩埚）一起置于传感器盘

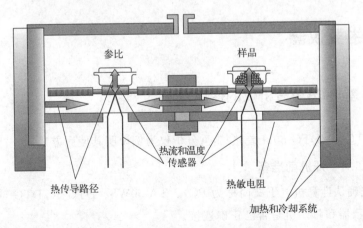

图 9-1-1　差示扫描量热仪基本原理示意图

上，两者之间保持热对称，在一个均匀的炉体内按照一定的温度程序（线性升温/降温、恒温及其组合）进行测试，并使用一对热电偶（参比热电偶、样品热电偶）连续测量两者之间的温差信号。由于炉体向样品、参比的加热过程满足傅里叶热传导方程，两端的加热热流差与温差信号成比例关系，因此通过热流校正，可将原始的温差信号转换为热流差信号，并对时间/温度连续作图，得到DSC图谱。当样品发生热效应时，在样品端与参比端之间产生了一定的温差/热流信号差。将该信号差对时间/温度连续作图，可以获得如图 9-1-2 的图谱。

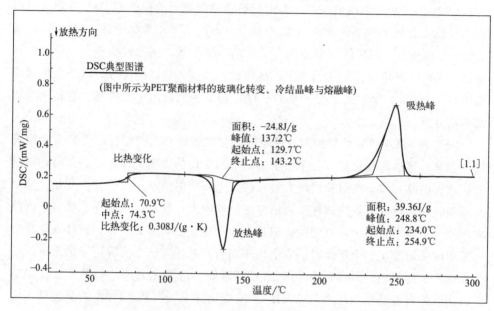

图 9-1-2　PET 聚酯材料的典型 DSC 图谱

9.2　主要仪器

9.2.1　差热-热重分析仪的使用方法

以 DTG-60/DTG-60H 差热-热重分析仪为例说明其使用方法。

9.2.1.1　开机前准备

① 先确认计算机（下文简称为 PC）、TA-60WS、DTG-60/DTG-60H（根据需要）显示器和打印机是否已正确连接。

② 打开氮气钢瓶主阀，检查氮气瓶压力。

9.2.1.2 开机操作

(1) 开机

打开 DTG-60 主机、计算机、TA-60WS 工作站以及 FC-60A 气体控制器。

(2) 连接气体

接好气体管路。DTG-60 主机后面有 3 个气体入口（如图 9-2-1）。测定样品用 GAS1（purge）入口，通常使用 N_2、He 或 Ar 等惰性气体，流量控制在 $30\sim50$ mL·min^{-1}；分析样品中用到的反应气的情况，使用 GAS2（reaction）入口通入气体，通常使用 O_2，流量最大 100 mL·min^{-1}；气体吹扫清理样品腔时使用 CLEANING 窗口，通常使用 N_2、空气，流量控制在 $200\sim300$ mL·min^{-1}。

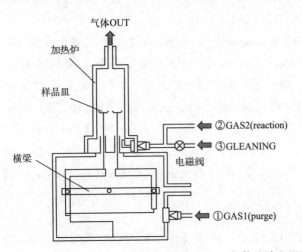
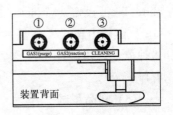

图 9-2-1　气体流路和配管

注意：要将所使用入口之外的其他气体入口堵住。

(3) 样品设置

按 DTG-60H 主机前面板的【OPEN/CLOSE】键，炉盖缓缓升起。

在左侧放入基准物质的样品池，右侧放置空的样品池（图 9-2-2）。

按 【OPEN/CLOSE】键，降下炉盖，TG 基线（重量值）稳定后，按前面板的【DISPLAY】键，前面板屏幕显示重量值，按【ZERO】键，重量值归零，显示【0.000 mg】。如果归零后，

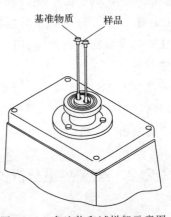

图 9-2-2　参比物和试样架示意图

读数跳动，可以多按几次【ZERO】键，直到读数为零，或者上下漂移很小。注意，通过面板上的【DISPLAY】键，可以使显示在温度、电压、质量之间切换。

按【OPEN/CLOSE】键，升起炉盖，用镊子把右边样品盘上的坩埚取下，装上适量的样品，重新放到右边的样品盘上。样品质量一般为 3～5 mg，要保证样品平铺于坩埚底部，与坩埚接触良好。

按【OPEN/CLOSE】键，降下炉盖。当屏幕显示 TG（重量值）稳定后，仪器内置的天平自动精确称出样品的重量，并显示出来。

注意：坩埚、样品均要用镊子拿取，不能用手，以免造成污染！

(4) 设定测定参数

点击桌面上 TA-60WS Collection Monitor 图标，打开 TA-60WS Acquisition 软件，并在 Detector 窗口中选择 DTG-60H。

点击【Measure】菜单下的【Measuring Parameters】，弹出【Setting Parameters】窗口。在【Temperature Program】一项中编辑起始温度以及温度程序。例如，设定一个温度程序，起始温度 40 ℃，以 10 ℃·min^{-1} 的速率升温到 450 ℃，保持 10 min。在【Sampling Parameters】窗口中，把 Sampling Time 设定为 1 sec（标准品校正时设定为 0.1 sec）。在【File Information】窗口中输入样品基本信息。包括：样品名称、重量、坩埚材料、使用气体种类、气体流速、操作者等信息，点击【确定】关闭【Setting Parameters】窗口。

(5) 样品测试

等待仪器基线稳定后（大约 10 min），点击【Start】键，在弹出的【Start】窗口中设定文件名称以及储存路径。

点击【Read Weight】，仪器检测器会把置于样品盘的样品重量显示在【Sample Weight】一项。如果选中【Take the initial TG signal for the sample mass】一项，样品重量的数值将会记录为刚刚开始测定时的 TG 值，这个功能在样品重量在准备测定过程中发生变化的情况下使用，比如测定高挥发性样品的时候。

点击【Start】运行一次分析测试，仪器会按照设定的参数进行，并按照设定的路径储存文件，样品分析完成后，等待样品腔温度降到室温左右，取出样品和参比坩埚，关机。

9.2.2　差热-热重分析仪的使用注意事项

① DTG-60 的最高使用温度是 1100 ℃，DTG-60H 的最高使用温度是 1500 ℃。

② DTG 实验用量为 3~5 mg，请勿放入太多样品，以免影响样品测定的热传递效果；样品量也不要太少，否则会影响测定结果的精度。

③ 样品制备完毕后放入仪器之前必须仔细检查，以防在实验中试样漏出，污染检测器。

④ 样品放入后，仪器示数需要稳定数分钟，同时保证炉体内的氛围是实验所需的气体氛围。

⑤ DTG 使用过程中，一般需要通氮气，普通样品测定时，氮气流量 30~50 mL・min^{-1}。

⑥ DTG 的气体流路有三条，Purge、Reaction 和 Clean，请正确连接。

⑦ DSC 的升温速率范围为 0.01~99.9 ℃・min^{-1}，常规使用的升降温速率一般为 10 ℃・min^{-1}。

⑧ 校正常用标准物质为铟（In）和锌（Zn），标准熔点取起始点，而不是峰值。In 标准样品可以重复使用；Zn 标准样品最好不要重复使用，因为在高温下很容易被氧化生成氧化物。

9.2.3　差热-热重分析仪的故障维修与保养

① 一般不要采用太高的升温速率，对传热差的高分子试样一般用 5~10 ℃・min^{-1}，对传热好的无机物、金属试样可用 10~20 ℃・min^{-1}，作动力学分析时要低一些。

② 普通铝坩埚的使用温度不要超过 600 ℃，如果 DTG 使用温度超过 600 ℃，应换用三氧化二铝或者铂金坩埚，三氧化二铝比铂金坩埚更惰性，但是导热性不如铂金坩埚好。使用不同种类坩埚进行实验时，应在测定参数中相应地进行准确设定。

9.2.4　差示扫描量热分析仪的使用方法

以 DSC 214 Polyma 差示扫描量热仪为例，介绍其使用方法。

9.2.4.1　开机前准备

① 检查电源、气瓶压力。

② 打开氮气钢瓶主阀（逆时针旋转 1~1.5 周），调节旋钮使次级压力表指针指示为 0.05 MPa。

9.2.4.2　开机操作

① 开机，打开 DSC 214 主机、计算机。

② 双击桌面【NETZSCHH-Proteus】，进入测试界面。待自检通过后选择【诊断】—【炉体温度】—【查看信号】—【气体调整】，测试气路通畅并设置流量（Purge2：40 mL·min⁻¹，PG：60 mL·min⁻¹）。

③ 选择铝坩埚，将样品称重后放入坩埚中，盖盖子（扎孔），密封后放入样品室右侧，左侧放入对比空坩埚。

④ 参数设置：

【新建测量文件】—【测试设定】—【设置】—【基本信息】—【温度程序】—【最后条目编程】，确认执行程序，开始测量，具体设置如下：

a. 设置：选择坩埚类型后点击【下一步】。

b. 基本信息：【测量类型】中选择【样品】，填好【样品】和【参比】的具体信息，点击【下一步】。

c. 温度程序：勾选【吹扫气2】和【保护气】，然后通过【温度段类别】进行温度设置。

d. 最后条目：选择【温度校正】和【热流校正】，点击【下一步】。

e. 点击【开始】，进行测试。

9.2.4.3 关机操作

DSC 仪器加热灯熄灭后关闭软件，退出操作系统，关电脑主机、显示器、DSC 主机。

9.2.5 差示扫描量热分析仪的使用注意事项

① 样品及其产物不腐蚀铝坩埚（确定样品在高、低温下无强氧化性、还原性）；样品温度须低于分解温度（测试前需确定样品的分解温度）。

② 装样时用量适当（5～10 mg），保证坩埚外部清洁与平整，样品平铺在坩埚底部。

③ 机械制冷升降温全程使用（必须通气保护），应设结束等待（20 min）以消除冷惯性或稍高温停止运行。

④ 若发现传感器表面或炉内侧脏时，可先在室温下用洗耳球吹扫，然后用棉花蘸酒精清洗，不可用硬物触及，若清洗不掉，应及时通知实验室老师。

⑤ 每天最后一个样品的测试应注意，在结束段取消机械制冷，结束等待的第二段取消机械制冷，等待时间设为 20 min。

9.3 典型实验

实验 9-1 $CaC_2O_4 \cdot H_2O$ 的差热-热重分析

一、实验目的

① 掌握差热-热重分析的基本原理。

② 掌握差热-热重同步分析仪的构造,学会相关操作。

二、实验原理

$CaC_2O_4 \cdot H_2O$ 在高温下的分解反应如下:

$$CaC_2O_4 \cdot H_2O =\!\!=\!\!= CaC_2O_4 + H_2O$$
$$CaC_2O_4 =\!\!=\!\!= CaCO_3 + CO \ (N_2 \text{ 气氛})$$
$$2CaC_2O_4 + O_2 =\!\!=\!\!= 2CaCO_3 + 2CO_2 \ (\text{空气气氛})$$
$$CaCO_3 =\!\!=\!\!= CaO + CO_2$$

对可以被氧化的试样在空气或氧气气氛中会有很大的氧化放热峰,在氮气或其他惰性气体中则没有氧化峰。$CaC_2O_4 \cdot H_2O$ 在氮气和空气气氛下分解时曲线是不同的。在氮气气氛下 $CaC_2O_4 \cdot H_2O$ 热分解时会放出 CO 气体,产生吸热峰;而在空气气氛下热分解时放出的 CO 会被氧化,同时放出热量,呈现放热峰。

差热-热重分析仪可将待测物质置于相同的环境与条件下处理,同时测定物质的质量和焓变随温度变化的情况,消除单独测量 TG 和单独测试 DTA 过程中试样条件和测试环境不一致带来的影响,使测定结果更为准确。本实验同时测定 $CaC_2O_4 \cdot H_2O$ 的热失重和焓变,根据 TG 和 DTA 曲线分析 $CaC_2O_4 \cdot H_2O$ 分子在不同温度下失水、分解时质量和热量的变化情况。

三、仪器与试剂

仪器:差热-热重同步分析装置。

试剂:$CaC_2O_4 \cdot H_2O$(分析纯)。

四、实验步骤

1. 开启仪器

在 N_2 气氛下进行测量。开启 N_2、仪器电源和计算机,打开工作站,运行有关程序。

2. 样品称量

① 按 DTG-60A 主机前面板的【OPEN/CLOSE】键，炉盖缓缓升起。

② 把空白坩埚置于左边参比样品盘，把空的样品坩埚置于右边样品盘中，按【OPEN/CLOSE】键降下炉盖。

③ TG 基线（重量值）稳定后，将基线调零，主机面板上读数显示【0.000 mg】。如果归零后，读数跳动，可以多按几次【ZERO】键，直到读数为零，或者上下漂移很小。

④ 按【OPEN/CLOSE】键，升起炉盖，用镊子把右边样品盘上的坩埚取下，均匀填装 $CaC_2O_4 \cdot H_2O$ 样品 3～5 mg，保证样品平铺于坩埚底部，与坩埚接触良好，然后重新放到右边的样品盘上。

⑤ 按【OPEN/CLOSE】键，降下炉盖。当屏幕显示 TG（重量值）稳定后，记录样品质量。

3. 设定参数

① 起始温度：50 ℃；

② 终止温度：950 ℃；

③ 升温速率：10 ℃·min^{-1}。

4. 样品测定

等待仪器基线稳定后（大约 10 min），设定好文件储存路径，点击【Start】键开始测试样。

5. 停止采集

实验温度升至终温后，单击【Stop】按钮，停止数据采集。待温度下降至 50 ℃可升起炉盖，取出样品，关闭仪器。

五、实验结果

① 根据 TG 曲线，分析 $CaC_2O_4 \cdot H_2O$ 在各温度下失重情况，记录于表 9-3-1。

表 9-3-1　$CaC_2O_4 \cdot H_2O$ 的失重数据记录表

项目	过程一	过程二	过程三
分解温度/℃			
失重/mg			
失重率/%			
分解反应			

② 根据 TG 和 DTA 曲线，分析 $CaC_2O_4 \cdot H_2O$ 在加热时热量的变化情况。

六、注意事项

① 试样用量以少为原则，一般为 3～5 mg。当试样用量多时，内部需要较长时间才能达到分解温度。

② 试样装填情况要求颗粒均匀、粒度小，必要时要研磨、过筛，填装应自然平整。

七、思考题

① $CaC_2O_4 \cdot H_2O$ 样品如不够纯和不够干燥对实验结果会有什么影响？

② 样品颗粒的粗细对测试结果有影响吗？为什么？

实验 9-2　差示扫描量热法测聚合物的热性能

一、实验目的

① 掌握差示扫描量热法的基本原理和差示扫描量热仪的使用方法。

② 测定聚合物的玻璃化转变温度 T_g、熔点 T_m 和结晶温度 T_c。

二、实验原理

差示扫描量热法（differential scanning calorimetry，DSC）是使样品处于一定的温度程序（升/降/恒温）控制下，观察样品端和参比端的热流功率差随温度或时间的变化过程，以此获取样品在温度程序过程中的吸热、放热、比热容变化等相关热效应信息，计算热效应的吸放热量（热熔），得到特征温度（起始点、峰值、终止点等）的一种分析方法。将装有样品的坩埚，与参比坩埚（通常为空坩埚）一起置于传感器盘上，两者之间保持热对称，在一个均匀的炉体内按照一定的温度程序（线性升温/降温、恒温及其组合）进行测试，并使用一对热电偶（参比热电偶、样品热电偶）连续测量两者之间的温差信号。由于炉体对样品/参比的加热过程满足傅里叶热传导方程，两端的加热热流差与温差信号成比例关系，因此通过热流校正，可将原始的温差信号转换为热流差信号，并对时间/温度连续作图，得到 DSC 图谱。在热分析中，参比物应选择那些在实验温度范围内不发生热效应的物质，如 α-氧化铝、石英、硅油、陶瓷、玻璃珠等。

本实验采用的参比物为 α-氧化铝，试样进样重量视试样性质而定，有机物进样质量约为参比物的两倍，无机物进样质量与参比物相等即可。只要物质受热时发生质量的变化，就可用该方法来研究其变化过程，也可以很简便地比较高聚物的热稳定性。

三、仪器与试剂

仪器：差示扫描量热仪。

试剂：聚乙烯、聚对苯二甲酸乙二醇酯、PMMA 等。

四、实验步骤

① 打开气源，开启仪器主机电源，开启电脑主机；

② 打开 DSC 测试软件，在窗体选项栏点击【诊断】，在菜单中选择【气体与开关】选项；

③ 勾选保护气与吹扫气选项，然后点击【确定】；

④ 称量 5～10 mg 样品，用铝坩埚装好样品，盖上盖子压好；

⑤ 在窗体选项栏点击【文件】—【新建】，在出现的【DSC200PC 测试参数】中点击【样品】选项，填好名称与样品质量，点击【继续】；

⑥ 进入 DSC 温度设定程序窗口，按照样品测试条件设定温度，点击【继续】；

⑦ 在校正窗口下，选取温度校正文件，选择【打开】，再点击灵敏度校正文件，选择【打开】；

⑧ 在设定测量文件名窗口为将要测试的样品的数据结果命名，点击【保存】；

⑨ 点击【开始】，测量样品；

⑩ 测试结束后，使用 Proteus Analysis 软件对数据进行分析。

五、注意事项

① 样品用量为 5～10 mg，不宜过多，以免导致峰形扩大和分辨率下降。

② 样品的颗粒应尽可能小，并且应尽可能增大样品与坩埚底部的接触面积，以获得较为精确的峰温。

③ 坩埚盖上要扎一个小孔，防止有些聚合物高温分解放出气体引起爆炸。

④ 温度设定时必须设置保护装置温度。

⑤ 测试过程中不要打开炉仓；结束后，温度接近室温时方可打开盖子。

六、思考题

分析和处理数据时，DSC 图谱中的 T_g、T_m 和 T_c 是如何确定的？

第 10 章
电化学分析实验

10.1 基本原理

电化学工作站是电化学测量系统的简称，是用于控制和检测电化学池电流和电位以及其他电化学参数变化的仪器装置。主要分两大类：单通道电化学工作站和多通道电化学工作站。它将恒电位仪、恒电流仪和电化学交流阻抗有机地结合在一起，既可以做三种基本功能的常规试验，也可以做基于这三种基本功能的程式化试验，多应用于生物技术、物质的定性定量分析等。

工作电极是电压受控恒定、电流可测量的一类电极。在很多物理电化学实验中，工作电极通常采用惰性材料，比如金、铂或者玻碳。在腐蚀测试中，工作电极是要腐蚀的金属材料。可以是纯金属或者包覆后的金属。对于电池，电化学工作站直接连接到电池的负极或正极。参比电极是用于辅助测定工作电极电位的一种电极。参比电极应该具有已知且稳定的电化学电势。实验室常用的参比电极是饱和甘汞电极（SCE）和银/氯化银电极。

10.1.1 交流阻抗的原理

交流阻抗方法是用小幅度交流信号扰动电解池，观察体系在稳态时对扰动的跟随情况，同时测量电极的交流阻抗，进而计算电极的电化学参数。从原理上来说，阻抗测量可应用于任何物理材料，任何体系，只要该体系具有双电极，并在该双电极上对交流电压具有瞬时的交流电流相应特性即可。

10.1.2 循环伏安法原理

循环伏安法是在一定电位下测量体系的电流，得到伏安特性曲线。根据伏安特性曲线进行定性定量分析。如果施加的电位以等腰三角形的形式加在工作电极上，则得到的电流-电压曲线包括两个分支，如果前半部分电位向阴极方向扫描，产生还原波，那么后半部分电位向阳极方向扫描时，产生氧化波，该法称为循环伏安法。

10.1.3 电化学工作站的应用

电化学工作站的应用非常广泛，目前主要用于：物质的定性定量分析，如重金属、农残、食品、水质监测；电化学中电合成、电催化、电沉积、光致电化学、电化学发光等领域的测试；电化学机理研究；生物技术中的医疗诊断；可穿戴设备的研究；纳米科学研究；气体传感器和生物传感器对 DNA、免疫、病毒的研究；金属腐蚀、缓蚀剂、涂层等的研究；能源材料领域锂电池、太阳能电池、燃料动力电池的研究；等等。

10.2 主要仪器

10.2.1 电化学工作站循环伏安法的参数设置及使用方法

打开电化学工作站，双击 CHI760E 图标，在工具栏里点击【 T 】，此时屏幕上显示一系列实验技术的菜单，选中【Cyclic Voltammetry】。

【Init E(V)】设为 −0.2，【High E(V)】设为 0.8，【Low E(V)】设为 −0.2，【Final E(V)】设为 −0.2，【Initial Scan Polarity】设为 Positive，【Scan Rate(V/S)】设为 0.05，【Sweep Segments】设为 6，【Sample Interval(V)】设为 0.001，【Quiet Time】设为 2，【Sensitivity】保持数值和测试电流同一数量级，尽量小但是测试过程中左下角不会出现 overflow。点击【OK】键。然后点击工具栏中的【 ▶ 】，此时仪器开始运行，屏幕上即时显示当时的工作状况和电流-电位曲线。扫描结束后，另存为文件，以备数据查询。

10.2.2 电化学工作站计时电流法和计时库仑法的参数设置及使用方法

(1) 计时电流法参数设置

打开电化学工作站，双击 CHI760E 图标，在工具栏里点击【 T 】，此时屏幕上显示一系列实验技术的菜单，选中【Chronoamperometry】，然后在工具栏里点击【 ▣ 】。

【Init E(V)】设为 E_{oc}，【High E(V)】设为 $E_{1/2}+0.2$，【Low E(V)】设为 $E_{1/2}-0.2$，【Initial Step Polarity】设为 Negative，【Number of steps】设为 2，【Pulse Width(sec)】设为 10，【Sample Interval(V)】设为 0.001，【Quiet Time】设为 2，【Sensitivity】保持数值和测试电流同一数量级，尽量小但是测试过程中左下角不会出现 overflow，点击【OK】键。然后点击工具栏中的【 ▶ 】，此时仪器开始运行，屏幕上即时显示当时的工作状况和电流-时间曲线。扫描结束后，

保存文件，以备数据查询。

（2）计时库仑法参数设置

在工具栏里点击【 Ⅱ 】，选中【Chronocoulometry】，然后在工具栏里点击【 ⊡ 】。

【Cathodic Current(A)】设为 0.02，【Anodic Current(A)】设为 0，【Initial Step Polarity】设为 Negative，【Number of Steps】设为 2，【Pulse Width(sec)】设为 10，【Sample Interval (V)】设为 0.001，【Quiet Time】设为 2 s，【Sensitivity(C or A/V)】设为 0.001，点击【OK】键。然后点击工具栏中的【 ▶ 】，此时仪器开始运行，屏幕上即时显示当时的工作状况和电流-时间曲线。扫描结束后，另存为文件，以备数据查询。

10.2.3　电化学工作站钝化行为参数设置及使用方法

打开电化学工作站，双击 CHI760E 图标，在工具栏里点击【 Ⅱ 】，此时屏幕上显示一系列实验技术的菜单，选中【Linear Sweep Voltammetry】，然后在工具栏里点击【 ⊡ 】。

【Init E(V)】设为 $E_{oc}-0.1$ V，【Final E(V)】设为 1.6 V，【Initial Scan Polarity】，【Scan Rate(V/S)】，设为 0.01 $V \cdot s^{-1}$，【Sample Interval(V)】设为 0.001，【Quiet Time(sec)】设为 300 s，【Sensitivity】设为 0.01 A。点击【OK】键。然后点击工具栏中的【 ▶ 】，此时仪器开始运行，屏幕上即时显示当时的工作状况和电流-电位曲线。扫描结束后，另存为文件，以备数据查询。

10.2.4　电化学工作站电催化参数设置及使用方法

打开电化学工作站，双击 CHI760E 图标，在工具栏里点击【 Ⅱ 】，此时屏幕上显示一系列实验技术的菜单，选中【Linear Sweep Voltammetry】，然后在工具栏里点击【 ⊡ 】。

（1）阴极极化参数设置

【Cathodic Current(A)】设为 0.02，【Anodic Current(A)】设为 0，【High E Limit(V)】设为 1，【High E Hold Time(sec)】设为 0，【Low E Limit(V)】设为 -1，【Low E Hold Time(sec)】设为 0，【Cathodic Time(sec)】设为 100，【Anodic Time(sec)】设为 100，【Initial Polarity】设为 Cathodic，【Data Storage Intvl(sec)】设为 0.1，【Number of Segments】设为 1，点击【OK】键。然后点击工具栏中的【 ▶ 】，此时仪器开始运行。

（2）阳极极化参数设置

【Cathodic Current(A)】设为 0，【Anodic Current(A)】设为 0.02，【High E Limit(V)】设为 1，【High E Hold Time(sec)】设为 0，【Low E Limit(V)】设为 −1，【Low E Hold time(sec)】设为 0，【Cathodic Time(sec)】设为 100，【Anodic Time(sec)】设为 100，【Initial Polarity】设为 Anodic，【Data Storage Intvl(sec)】设为 0.1，【Number of Segments】设为 1，点击【OK】键。然后点击工具栏中的【▶】，此时仪器开始运行。

10.3　典型实验

实验 10-1　循环伏安法测定亚铁氰化钾的氧化还原

一、实验目的

① 学习固体电极表面的处理方法。

② 掌握循环伏安法的使用技术。

③ 了解扫描速率和浓度对循环伏安图的影响。

二、实验原理

循环伏安（cyclic voltammetry，CV）法是一种暂态电化学测试方法，是用于快速获得一个电化学反应的定量数据的最常用的电化学分析技术。其基本原理是在工作电极与参比电极之间施加一个三角波型的电势信号，如图 10-3-1(a)，即从起始电位开始扫描到终止电位后，再回扫至起始电位，记录得到相应的电流-电势（i-E）曲线，如图 10-3-1(b)，图中曲线呈现出一个氧化还原过程，是一个循环曲线，故称为循环伏安图。

从循环伏安图中能考察一个氧化还原反应是否是电化学可逆反应。对于可逆反应，循环伏安图的峰电位和峰电流满足以下关系：

$$i_{pa}/i_{pc} \approx 1$$

$$\Delta E_p = E_{pa} - E_{pc} = 55.6 \text{ mV}/n$$

条件电位 $E^{\ominus\prime}$：　　　　　$E^{\ominus\prime} = (E_{pa} + E_{pc})/2$

另外，对于可逆反应的正向峰电流，由 Randles-Sevcik 方程：

$$i_p = 0.443nFAc\sqrt{\frac{nFvD}{RT}}$$

式中　n——电子转移数；

　　　F——法拉第常数，96485 C·mol^{-1}；

　　　A——电极面积，cm^2；

　　　v——电势扫描的扫描速率，V·s^{-1}；

　　　c——待测物浓度，mol·L^{-1}；

　　　R——摩尔气体常数，8.314 J·(mol·K)$^{-1}$；

　　　T——绝对温度，K；

　　　D——待测物的扩散系数，cm^2·s^{-1}。

当温度为标准温度（298.15 K），则 Randles-Sevcik 方程可简写为：

$$i_p = 2.69 \times 10^5 \times n^{\frac{3}{2}} A c v^{\frac{1}{2}} D^{\frac{1}{2}}$$

根据上式，i_p 与 $v^{1/2}$ 和 c 都是直线关系，对研究电极反应过程具有重要意义。

铁氰化合物的离子反应为单电子的可逆过程，反应式如下：

$$Fe(CN)_6^{3-}(aq) + e^- \longrightarrow Fe(CN)_6^{4-}(aq)$$

在一定扫描速率下，如图 10-3-1 所示，电位从起始电位 0 V 沿正向扫描，当电位至 $Fe(CN)_6^{4-}$ 的氧化电位时，将产生阳极电流（a 点），随着电位的变正，阳极电流迅速增加，直至电极表面的 $Fe(CN)_6^{4-}$ 浓度趋近于零，电流在 b 点达到最高峰。其对应的电势为 E_{pa}，对应的电流为 i_{pa}，继续正向扫描，电流迅速衰减，这是因为电极表面附近溶液中的 $Fe(CN)_6^{4-}$ 几乎全部转变为 $Fe(CN)_6^{3-}$ 而耗尽，即所谓的贫乏效应。然后沿负电位扫描，当电位至 $Fe(CN)_6^{3-}$ 的还原电位时，将产生阴极电流（d 点）。随着电位的变负，阴极电流迅速增加，电流在 e 点达到最高峰。其对应的电势为 E_{pc}，对应的电流为 i_{pc}，继续正向扫描，电流迅速衰减，至起始电位时完成一个循环。

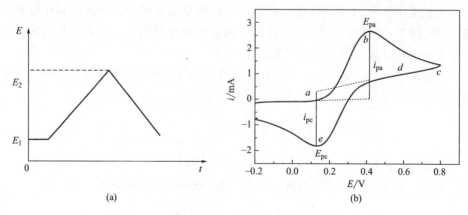

图 10-3-1　三角波电位（a）和循环伏安曲线图（b）

三、仪器与试剂

仪器：CHI 电化学工作站、铂盘电极、铂片电极、饱和甘汞电极、三电极电解池（配有大小合适的电极固定装置）。

试剂：$K_4[Fe(CN)_6]$ 粉末、Al_2O_3 粉末、NaCl 溶液（$0.40\ mol \cdot L^{-1}$）。

四、实验步骤

1. 工作电极的预处理

将适量 1 μm 粒径的氧化铝粉末倒在电极磨布上，然后在粉末上用洗瓶加适量水。将铂盘电极竖直放在电极磨布上进行研磨，注意研磨方向必须为"8"字方向，严禁以"0"或者"1"等方向进行研磨。严禁研磨太用力，研磨接触到粉末即可。一般以正反"8"字研磨各 20 次即可。然后使用二次蒸馏水和乙醇冲洗干净。依次使用 300 nm 和 50 nm 粒径的氧化铝粉末进行研磨，最后使用二次蒸馏水和乙醇冲洗干净。

2. 支持电解质的循环伏安测试

在电解池中放入 0.4000 mol/L NaCl 溶液，用氮气除氧 10 min，插入电极，以新处理的铂盘电极为工作电极并连接绿色夹子，铂片电极为对电极并连接红色夹子，饱和甘汞电极为参比电极并连接白色夹子，进行循环伏安测试。

3. $K_4[Fe(CN)_6]$ 溶液的循环伏安图

配制不同浓度 $K_4[Fe(CN)_6]$ 溶液：$0.01000\ mol \cdot L^{-1}$、$0.02000\ mol \cdot L^{-1}$、$0.04000\ mol \cdot L^{-1}$、$0.06000\ mol \cdot L^{-1}$、$0.08000\ mol \cdot L^{-1}$（均含支持电解质NaCl，其浓度为 $0.4000\ mol \cdot L^{-1}$）。上述溶液分别用 N_2 除氧 10 min。其余参数设定与空白溶液相同，测试不同浓度 $K_4[Fe(CN)_6]$ 溶液的循环伏安图。

4. 不同扫描速率下 $K_4[Fe(CN)_6]$ 溶液的循环伏安图

在 $0.08000\ mol \cdot L^{-1}$ $K_4[Fe(CN)_6]$ 溶液中，扫描速率分别为 $10\ mV \cdot s^{-1}$、$25\ mV \cdot s^{-1}$、$50\ mV \cdot s^{-1}$、$100\ mV \cdot s^{-1}$、$150\ mV \cdot s^{-1}$，其余参数设置与步骤 3 相同，测试不同扫描速率下 $K_4[Fe(CN)_6]$ 溶液的循环伏安图。

五、实验结果

将实验结果填入表 10-3-1 和表 10-3-2。

表 10-3-1　不同浓度 $K_4[Fe(CN)_6]$ 的循环伏安扫描结果

浓度/$mol \cdot L^{-1}$	0.01000	0.02000	0.04000	0.06000	0.08000
$i_{pa}/\mu A$					
$i_{pc}/\mu A$					

表 10-3-2　不同扫描速率下循环伏安的扫描结果

扫描速率/mV·s^{-1}	10	25	50	100	150
E_{pc}/mV					
E_{pa}/mV					
i_{pc}/μA					
i_{pa}/μA					

① 根据表 10-3-1，分别以 i_{pa}、i_{pc} 对 $K_4[Fe(CN)_6]$ 溶液的浓度作图，说明峰电流与浓度的关系。

② 根据表 10-3-2，分别以 i_{pa}、i_{pc} 对 $v^{1/2}$ 作图，说明峰电流与扫描速率间的关系。根据 i_{pa}-$v^{1/2}$ 图，计算铁氰化钾的扩散系数 D。

③ 根据表 10-3-2，计算 i_{pa}/i_{pc} 的值和 ΔE_p 值，并说明 $K_4[Fe(CN)_6]$ 在 NaCl 溶液中电化学反应的可逆性。

六、注意事项

① 为了使液相传质过程只受扩散控制，应在加入电解质后溶液处于静止状态下进行电解。

② 含氰化合物可水解生成剧毒的氰化氢气体。严禁将铁氰化钾排入下水管道。

③ 实验前电极表面要处理干净。

七、思考题

① $K_3[Fe(CN)_6]$ 与 $K_4[Fe(CN)_6]$ 溶液的循化伏安图是否相同？为什么？

② 如何说明 $K_4[Fe(CN)_6]$ 在溶液中电极过程的可逆性？

③ 若实验中测得的条件电位值和 $\varphi_{1/2}$ 值与文献值有差异，试说明其原因。

实验 10-2　计时电流法和计时库仑法测定工作电极面积

一、实验目的

① 了解工作电极的几何面积和有效面积的区别。

② 掌握计时电流法和计时库仑法的区别。

③ 熟悉 Cottrell 曲线和 Anson 图。

④ 学习使用 Cottrell 和 Anson 公式计算工作电极的活性面积。

二、实验原理

计时电流法是在给定电势下测量电流随时间变化的方法。施加电势后，待测物在电极表面电解，产生法拉第电流，它会随着待测物的消耗而减弱，消耗的待测物通过扩散补充。设电极表面发生下列电化学反应：

$$O + ne^- \Longrightarrow R$$

计时电流实验中，施加在工作电极上的电位从不发生电极反应的电势，即开路电势（E_{oc}）开始，电极电势从 E_{oc} 一步跃迁至待测物发生还原的电势值（E_1）或氧化反应的电势值（E_2）。可以通过双电势阶跃的计时电流法，将电势阶跃到逆向电解反应发生的电势值，如图 10-3-2（a）所示。对应的电流-时间响应如图 10-3-2（b）。

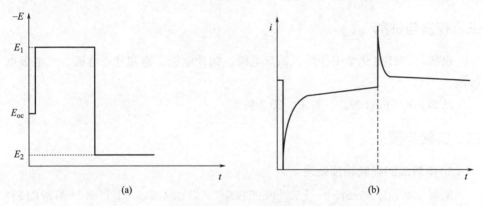

图 10-3-2　电势随时间变化图（a）和电流-时间响应图（b）

本实验中待测物为铁氰化钾，其电化学反应为：

$$Fe(CN)_6^{3-}(aq) + e^- \longrightarrow Fe(CN)_6^{4-}(aq)$$

实验开始时，溶液中的待测物只有氧化物 $Fe(CN)_6^{3-}$，开始电势阶跃后，电极表面的 $Fe(CN)_6^{3-}$ 被还原为 $Fe(CN)_6^{4-}$，电极表面只有还原产物 $Fe(CN)_6^{4-}$，而本体溶液中含有大量的 $Fe(CN)_6^{3-}$ 待测物，从而造成了浓度梯度。溶液中既含有氧化待测物又含有还原产物的区域称为扩散层。

计时电流法的 Cottrell 方程：

$$i = \frac{nFAc_0\sqrt{D}}{\sqrt{\pi t}}$$

式中，i 是电流，A；n 是电子转移数；F 是法拉第常数，96485 C·mol^{-1}；A 是电极有效面积，cm^2；c_0 是待测物的初始浓度，mol·cm^{-3}；D 是待测物的扩散系数，cm^2·s^{-1}；t 是反应时间，s。

对电流-时间响应曲线积分可得计时库仑数据，即电量-时间曲线。计时库仑法的 Anson 方程如下：

$$Q = \frac{2nFAc_0\sqrt{Dt}}{\sqrt{\pi}}$$

式中，Q 是电量，C；其他参数如前所述。

由于 Cottrell 和 Anson 曲线的斜率均与 n、A、c_0 和 D 四个参数相关，本实验中铁氰化钾的扩散系数为 7.6×10^{-6} $cm^2 \cdot s^{-1}$，只要其中三个参数已知，便可根据斜率确定第四个参数。

本实验中，我们利用计时电流法和计时库仑法来探究电极的几何面积和有效面积之间的差异。忽略电极表面任何缺陷，电极的几何面积由其几何尺寸计算得到。电极的有效工作面积可以通过实验获得。

三、仪器与试剂

仪器：CHI 电化学工作站、铂盘电极、铂片电极、饱和甘汞电极、三电极电解池。

试剂：$K_3[Fe(CN)_6]$ 粉末、KCl 粉末。

四、实验步骤

1. 电解液的配制和预处理

配制 100 mL 2 $mol \cdot L^{-1}$ $K_3[Fe(CN)_6]$（以 0.4 $mol \cdot L^{-1}$ KCl 溶液配制）溶液；配制 100 mL 0.4 $mol \cdot L^{-1}$ KCl 溶液。上述溶液用氮气除氧 10 min。

2. 电化学池的准备

以铂盘电极为工作电极并连接绿色夹子，铂片电极为对电极并连接红色夹子，饱和甘汞电极为参比电极并连接白色夹子。

3. 循环伏安曲线测试

① 取 25 mL KCl 溶液于电解池中，运行试验，测试完后，保存数据。

② 清洗电极，取 25 mL $K_3[Fe(CN)_6]$ 溶液于电解池中，运行试验，测试完后，保存数据，并读取 E_{pc}、E_{pa}、$E_{1/2}$ 的值。

4. 计时电流曲线测试

清洗电极，取 25 mL $K_3[Fe(CN)_6]$ 溶液于电解池中，运行试验，测试完后，保存数据，作 Cottrell 图。

5. 计时库仑曲线测试

清洗电极，取 25 mL $K_3[Fe(CN)_6]$ 溶液于电解池中，运行试验，测试完后，保存数据，作 Anson 图。

6. 试验后清理

用蒸馏水将电极与电解池清洗干净，并放于指定位置。

五、实验结果

① 计算得到的 Cottrell 图与 Anson 图中的直线斜率，记录于表 10-3-3。

表 10-3-3　Cottrell 图与 Anson 图的直线斜率数据表

项目	还原/$\mu A \cdot s^{-1/2}$	氧化/$\mu A \cdot s^{-1/2}$
Cottrell 图的斜率		
Anson 图的斜率		

② 计算工作电极的半径：_____ cm。

③ 计算工作电极的几何面积：_____ cm^2。

④ 计算得到的电极有效面积：_____ cm^2。

六、注意事项

① 确保所有玻璃器皿尽可能干净。

② 在清洗玻璃器皿（尤其是最后一步的清洗）和配制溶液时，建议使用去离子水。

七、思考题

为什么工作电极的有效面积大于几何面积？

实验 10-3　镍在硫酸溶液中的钝化行为测定

一、实验目的

① 了解金属钝化行为的原理和测量方法。

② 掌握用线性扫描伏安法测定镍在硫酸溶液中的阳极极化曲线和钝化行为的方法。

③ 测定氯离子的浓度对镍钝化的影响。

二、实验原理

金属钝化一般可分为两种。如铁在稀硝酸中很容易溶解，但在浓硝酸中几乎不溶解。将经过浓硝酸处理的铁片放入稀硝酸中，铁的腐蚀速率比处理前显著下降甚至停止溶解，这种现象称为化学钝化。另一种钝化称为电化学钝化，即用阳极极化的方法使金属发生钝化。

研究金属钝化通常采用线性扫描伏安法（linear sweep voltammetry，LSV），其原理是在工作电极上施加随扫描速率线性增加的电位，同时记录随电位改变而变化的瞬时电流，得到完整的极化曲线图，如图 10-3-3 所示。当电极电势增加时，极化曲线先沿 AB 线变化，此时处于金属的活化区，金属发生溶解，当电势到达 B 点时，表面开始钝化，电流密度随着电势的增加迅速降低，B 点所对应的电势称为钝化电势（$E_{钝}$），电流达到最大值，此时的电流称为钝化电流（$i_{钝}$）。当电势达到 C 点时，金属处于稳定状态，继续增

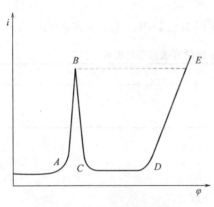

图 10-3-3　极化曲线示意图

加电势，曲线 CD 段电流密度依然较小，此时的电流称为钝态电流，CD 区属于金属的稳定钝化区。过了 D 点，电流开始增大，此时可能是由于高价金属离子的产生，也可能是由于水的电解而析出 O_2，还可能是两者同时出现。

金属纯化的影响因素较多，溶液中如存在氢离子、卤素离子以及某些具有氧化性的阴离子，将对金属钝化具有显著影响。在中性溶液中，金属通常容易钝化，而在酸性或碱性溶液中则较难钝化。这与阳极反应产物的溶解度有关。卤素离子特别是氯离子，会明显地阻止金属的钝化过程，且已经钝化了的金属也容易被活化，这是因为氯离子的存在破坏了金属表面钝化膜的完整性。溶液中如果存在具有氧化性的阴离子，则可以促进金属的钝化。溶液中的溶解氧可以减少金属钝化膜进一步破坏。温度升高或加剧搅拌，都可以推迟或防止钝化过程的发生。另外，在进行测量前，对研究电极进行活化处理的方式及其程度也将影响金属的钝化过程。

三、仪器与试剂

仪器：CHI 电化学工作站、三电极电解池、Ni 电极（工作电极）、铂片电极（对电极）、饱和甘汞电极（参比电极）。

试剂：硫酸、氯化钾粉末、蒸馏水。

四、实验步骤

1. 工作电极的预处理与溶液配制

研究电极用金相砂纸打磨后，用丙酮洗涤除油，再用二次蒸馏水冲洗干净，

擦干。配制 $0.1\ mol \cdot L^{-1}\ H_2SO_4$ 溶液，用 $0.1\ mol \cdot L^{-1}\ H_2SO_4$ 分别配制 $0.01\ mol \cdot L^{-1}$、$0.02\ mol \cdot L^{-1}$、$0.05\ mol \cdot L^{-1}$、$0.10\ mol \cdot L^{-1}$ 的 KCl 溶液。

2. 电化学池的准备

在电解池中加入 25 mL 配好的硫酸溶液。分别装好辅助电极、参比电极、工作电极。红色夹子夹辅助电极，绿色夹子夹工作电极，白色夹子夹参比电极。测试开路电压 E_{oc}。

3. 线性扫描伏安曲线测试

测试 Ni 电极在 $0.1\ mol \cdot L^{-1}\ H_2SO_4$，$0.01\ mol \cdot L^{-1}$、$0.02\ mol \cdot L^{-1}$、$0.05\ mol \cdot L^{-1}$、$0.10\ mol \cdot L^{-1}$ KCl 溶液中的线性扫描伏安曲线。

五、实验结果

① 分别在极化曲线图上找出 $E_{钝}$、$i_{钝}$ 及钝化区间。

② 将所测的线性扫描伏安曲线叠加，打印，比较五条曲线，并讨论所得实验结果及曲线的意义。

六、注意事项

当溶液中 KCl 浓度大于或等于 $0.02\ mol \cdot L^{-1}$ 时，当电流大于 10 mA（即电流溢出 y 轴）时应及时停止实验，以免损伤工作电极。此时只需点击工具栏中的停止键"■"即可。

七、思考题

① 如果扫描速率改变，测得的 $E_{钝}$、$i_{钝}$ 有无变化？为什么？

② 如果对某种系统进行阳极保护，首先必须明确哪些参数？

③ 当溶液 pH 发生改变时，Ni 电极的钝化行为有无变化？

实验 10-4　磷钨酸修饰铂电极对甲醇燃料电池阳极的电催化影响

一、实验目的

① 了解磷钨酸修饰铂电极用于甲醇燃料电池对阳极甲醇电氧化反应的催化作用。

② 熟悉通过循环伏安扫描法制备磷钨酸修饰铂电极的方法。

③ 掌握循环伏安法、计时电流法的应用。

二、实验原理

直接甲醇燃料电池（direct methanol fuel cell，DMFC）的阳极电催化反应速率相对缓慢，甲醇氧化是一个 6 电子过程，与氢的两电子氧化过程相比，需要更高的活化能驱动，反应速率较慢，导致 DMFC 的功率密度相对质子交换膜燃料电池（proton exchange membrane fuel cell，PEMFC）要低。因此，寻找高效的催化剂和助催化剂是提高 DMFC 功率密度和促进其实用化的关键。杂多酸的物化性能极其特殊，既具有配位化合物和金属氧化物的结构特性，又具有酸性和氧化还原性的双重功能，是许多化学反应的理想催化材料，受到国内外研究者的广泛关注。杂多酸是由两种以上无机含氧酸根缩合而成的多聚合态含氧阴离子（或称杂多阴离子）与氢平衡阳离子所构成的，呈笼形结构，其特殊的结构有利于电极中的物料传输。本实验采用磷钨酸（$H_3PW_{12}O_{40}$）修饰铂电极作为工作电极，测试其用于甲醇燃料电池对阳极甲醇氧化反应的催化作用。

三、仪器与试剂

仪器：CHI 电化学工作站、三电极电解池、铂柱电极、铂片电极、饱和甘汞电极。

试剂：磷钨酸、硫酸、甲醇、硝酸、盐酸、蒸馏水。

四、实验步骤

1. 电解液的配制

配制 0.5 mol·L^{-1} H_2SO_4 溶液，配制 0.75 mol·L^{-1} CH_3OH 溶液（用 0.5 mol·L^{-1} H_2SO_4 配制），配制 5×10^{-3} mol·L^{-1} $H_3PW_{12}O_{40}$ 的溶液（用 0.5 mol·L^{-1} H_2SO_4 配制）。上述溶液通 N_2 除氧 10 min。

2. 铂柱电极的打磨

铂柱电极每次使用前依次用 1.0 μm 和 0.3 μm 粒度的 α-Al_2O_3 抛光，用蒸馏水、无水乙醇、H_2SO_4 溶液和蒸馏水清洗。

3. 电解池的组成

铂柱电极、铂片电极、饱和甘汞电极分别作为工作电极、对电极、参比电极。

4. 电极的极化

在 0.5 mol·L^{-1} 硫酸溶液中，采用计时电位法，在 20 mA 恒电流下先阴极极化再阳极极化，去除表面吸附的杂质，并活化电极表面。

5. 磷钨酸修饰铂电极的制备

将电极浸入 $H_3PW_{12}O_{40}$ 溶液中，进行循环伏安扫描，制得杂多酸修饰铂电极。

6. 电化学测试

以 CH_3OH 为电解液，分别测试铂柱电极和磷钨酸修饰铂电极的循环伏安曲线、计时电流曲线。

7. 电极的清洗

将工作电极、对电极放入盛有 $0.1\ mol \cdot L^{-1}$ HCl 与 $0.1\ mol \cdot L^{-1}$ HNO_3 混合液的烧杯中，超声振荡 10 min。

五、实验结果

比较铂电极和修饰电极的计时电流曲线和循环伏安曲线，说明修饰电极对甲醇的催化作用。

六、注意事项

① 电极表面对实验结果有相当大的影响，因此实验时应仔细进行预处理。
② 本实验铂柱电极每次使用前都应进行打磨处理。

七、思考题

甲醇循环伏安曲线的正扫和负扫方向分别出现了氧化峰，解释这两个氧化峰的电化学过程。

第11章

质谱及色质联用实验

11.1 基本原理

11.1.1 质谱法（MS）

质谱法（mass spectrometry，MS）即通过电场和磁场将运动的离子（带电荷的原子、分子或分子碎片，如分子离子、同位素离子、碎片离子、重排离子、多电荷离子、亚稳离子、负离子、离子-分子相互作用产生的离子）按它们的质荷比分离后进行检测的方法。测出离子准确质量即可确定离子的化合物组成。这是由于不会有两个核素的质量是一样的，也不会有一种核素的质量恰好是另一核素质量的整数倍。分析这些离子可获得化合物的分子量、化学结构、裂解规律和由单分子分解形成的某些离子间存在的某种相互关系等信息。

使试样中各组分电离生成不同质荷比的离子，经加速电场的作用，形成离子束，进入质量分析器，利用电场和磁场使其发生相反的速度色散——离子束中速度较慢的离子通过电场后偏转大，速度较快的偏转小；在磁场中离子发生角速度矢量相反的偏转，即速度慢的离子依然偏转大，速度快的偏转小；当两个场的偏转作用彼此补偿时，它们的轨道便相交于一点。与此同时，在磁场中还能发生质量的分离，这样就使具有同一质荷比而速度不同的离子聚焦在同一点上，不同质荷比的离子聚焦在不同的点上，将它们分别聚焦而得到质谱图，从而确定其质量，质谱图如 11-1-1 所示。

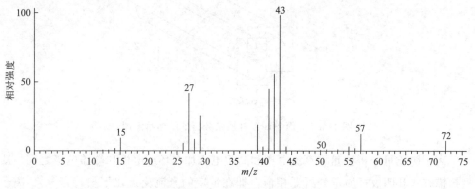

图 11-1-1　质谱图示例

质谱仪的结构由离子源、质量分析器和离子检测器等组成。

（1）离子源

离子源是使试样分子在高真空条件下离子化的装置。电离后的分子因接受了过多的能量会进一步碎裂成较小质量的多种碎片离子和中性粒子。它们在加速电场作用下获得具有相同能量的平均动能而进入质量分析器。

（2）质量分析器

质量分析器是将同时进入其中的不同质量的离子，按质荷比 m/z 大小分离的装置。质量分析器可分为静态分析器和动态分析器两类。结构有单聚焦、双聚焦、四极杆、飞行时间和摆线等。分离离子的原理与质量分析器的种类有关。

采用扇形均匀磁场进行聚焦的质谱仪称扇形磁场质谱仪。如图 11-1-2。

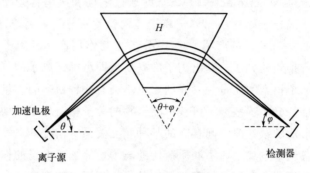

图 11-1-2　扇形磁场质量分析器结构示意图

四极杆质量分析器的作用是四根电极杆分为两两一组，分别在其上施加射频（radio frequency，RF）反相交变电压。位于此电势场中的离子，被选择的部分稳定后可到达检测器，或者进入之后的空间进行后续分析，如图 11-1-3 所示。

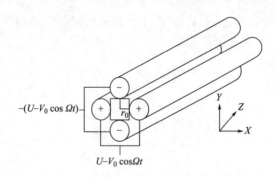

图 11-1-3　简单四极杆质量分析器结构示意图

离子阱质量分析器是将直流电压和高频电压加在环形电极和端盖电极之间。质量扫描方式和四极杆质量分析器相似，即在恒定的直流交流比下扫特定 m/z 离子在阱内一定轨道上稳定旋转，改变端电极电压，不同 m/z 离子飞出阱到达检测器。

（3）离子检测器

经过分析器分离的同质量离子可用照相底板、法拉第筒或电子倍增器收集检测。随着质谱仪的分辨率和灵敏度等性能的大大提高，只需要微克级甚至纳克级的样品，就能得到一张较满意的质谱图，因此对于微量不纯的化合物，可以利用气相色谱或液相色谱（对极性大的化合物）将化合物分离成单一组分，导入质谱仪，获得质谱图。

11.1.2　色谱-质谱联用技术

质谱法可以进行有效的定性分析，但无法分析复杂有机化合物，而且在进行有机物定量分析时要经过一系列分离纯化操作，十分麻烦。而色谱法对有机化合物是一种有效的分离和分析方法，特别适合进行有机化合物的定量分析，但定性分析则比较困难，因此两者有效结合是一种对复杂化合物进行高效定性定量分析的工具。质谱法与色谱仪联用的方法，已广泛应用在有机化学、生化、药物代谢、临床、毒物学、农药测定、环境保护、石油化学、地球化学、食品化学、植物化学、宇宙化学和国防化学等领域。用质谱计作多离子检测，可用于定性分析。例如，在药理生物学研究中能以药物及其代谢产物在气相色谱图上的保留时间和相应质量碎片为基础，确定药物和代谢产物的存在；也可用于定量分析，用被检化合物的稳定性同位素异构物作为内标，以获得更准确的结果。

（1）气相色谱-质谱联用（GC-MS）

气相色谱-质谱联用（gas chromatography-mass spectrometry，GC-MS）技术是将气相色谱仪（GC）与质谱仪（MS）通过适当接口相结合，借助计算机技术，进行联用分析的技术。GC-MS 联用分析的灵敏度高，适合于低分子化合物（分子量<1000）分析，尤其适合于挥发性成分的分析。在药物的生产、质量控制和研究中有广泛的应用，特别在中药挥发性成分的鉴定、食品和中药中农药残留量的测定、体育竞赛中兴奋剂等违禁药品的检测以及环境监测等方面，GC-MS 是必不可少的工具。

（2）液相色谱-质谱联用（LC-MS）

液相色谱-质谱联用（liquid chromatography-mass spectrometry，LC-MS）是一种将液相色谱仪（LC）与质谱仪（MS）联用的分析技术，主要用于化合物的分离、鉴定和定量分析，实现对微量物质的快速、准确的检测分析和识别。液质联用技术通常应用于各种生化反应的实时监控和分析，包括分子诊断、蛋白质分析、细胞分析、细胞膜信号分析等。随着科学技术的进步，液质联用技术已经成为生物医学和环境科学的重要工具。液质联用技术分析范围广，包括不挥发性化合物、极性化合物、热不稳定化合物和大分子化合物（包括蛋白、多肽、多糖、多聚物等）的分析，是目前应用广泛的分离、分析、纯化有机化合物的有效方法之一。

质谱仪种类繁多，不同仪器应用特点也不同，一般来说，在 300 ℃ 左右能汽化的样品，可以优先考虑用 GC-MS 进行分析，因为 GC-MS 使用 EI 源，得到的质谱信息多，可以进行检索。毛细管柱的分离效果也好。如果在 300 ℃左右不能汽化，则需要用 LC-MS 分析，此时主要得到的是分子量信息，如果是串联质谱，还可以得到一些结构信息。如果是生物大分子，主要利用 LC-MS 和 MAL-DI-TOF 分析，主要得到的是分子量信息。对于蛋白质样品，还可以测定氨基酸序列。质谱仪的分辨率是一项重要技术指标，高分辨质谱仪可以提供化合物组成式，这对于结构测定是非常重要的。双聚焦质谱仪、傅里叶变换质谱仪、带反射器的飞行时间质谱仪等都具有高分辨功能。

11.2 主要仪器

11.2.1 气相色谱-质谱联用仪使用方法

以岛津 GC-MS QP2010 Ultra 气相色谱-质谱联用仪为例说明其使用方法。

(1) 开机（确认每步操作完成后，再执行下一步）

① 打开气源，高纯氦气（99.999％），将分压表调到 0.5～0.9 MPa 之间。

② 打开质谱仪、色谱仪、计算机电源，进入系统及系统配置。

(2) 进入系统及检查系统配置

① 双击【GCMS REAL TIME】，发出"一短、一长"两声鸣响，仪器联机成功，进入主菜单窗口。

② 点击左侧【系统配置】，设定系统配置，无误后退出。

(3) 启动真空泵

① 单击辅助栏中【真空控制】图标，出现真空系统窗口，进入真空启动系统，点击【高级】，显示详细信息。

② 在 Vent valve 的灯呈绿色（即关闭）的前提下，启动机械泵（Rotary Pump），自动启动/Auto Stat up。

③ 低压真空度 10 Pa 时，启动真空泵。

④ 高真空度"$10 \times E^{-4}$"，可进行调谐。

(4) 调谐

① GC-MS 准备就绪（约 10 min），单击辅助栏中【调谐】图标，进入调谐子目录，再单击【峰监测】图标，将 Detector 电压设为 0.7 kV（最低），查看【水】和【空气】在 18（水）、28（氮气）、32（氧气）峰的强度，可在【Factor】中均输入适当的放大倍数。

② 打开灯丝，如果 18 峰高于 28 峰，表示系统不漏气，关闭灯丝。

③ 建立调谐文件名，然后点左侧的【开始自动调谐】图标，计算机自动进行调谐，直至打印出调谐结果为止。

④ 分析调谐结果，必须同时满足以下几个条件，方可进行分析。

a. 基峰必须是 18 或者 69，不能是 28（28 为 N_2），否则为漏气。

b. 电压应小于 2.0 kV。

c. m/z 中 69、219、502 三个峰的 FWHM 最大差小于 0.1。

d. m/z 502 的 Ratio 值大于 2.5。

(5) 方法编辑

① 单击辅助栏中【数据采集】，点击【向导】图标，进入方法编辑，设置好各参数，其中包括 GC 及 MC（对于 SIM 定量分析，第一次采集为 Scan 方式创建 SIM，再次分析时可直接调用保存的 SIM 采集方式）。

② GC 及 MS 条件的确认：单击辅助栏中【方法细节】，可以进一步确认进样器、GC 及 MS 的设定参数，确认无误后，点击工具栏中【文件】，点击【保存方法文件】或【方法文件另存为】，输入文件名称，保存在相应的文件夹内。下次分析同样样品时，可直接调出方法文件。

(6) 样品的测定

进入【数据采集】，点击【样品登录】，设置样品名、样品编号、方法文件、样品文件、进样量、调谐文件。设置好后，点击【待机】，待 GC、MS 均变绿色字体后，进样。按【开始】，进行单次分析。

或进入【批处理】，点击【向导】，设置好各参数后，点击【开始】，待 GC、MS 均变绿色字体后，进样，进行批处理分析。

对于无自动进样器的，在点击【开始】后，均需按 GC 主机上的【开始】方能进行数据采集；对有自动进样器的，则在点击【开始】后即可。

(7) 关机

1) 日常关机

在实时监控菜单中的开关图标【日常关机】控制，此时为低温，低流量（根据设定值执行），关机时，只需关闭计算机和显示器，不需关闭气源、气相色谱仪、质谱仪、真空系统和总电源。目的是节约载气，防止仪器污染。在一定时期内不进行样品分析时，使用日常关机。在工具栏中点击【日常关机】，弹出日常关机对话窗口。

日常关机进样口温度 100 ℃；压力 50 kPa；总流量 15 mL·min^{-1}；吹扫流量 3.0 mL·min^{-1}；柱温 50 ℃。

2) 系统关机

在实时监测中左侧的开关图标【真空控制】中，按【自动关机】，色谱仪自动降温，当离子源温度均降到 100 ℃ 以下时，自动停泵。当进行条中显示【完成】时，点击【关机】按钮。此时关闭工作站、气相色谱仪、质谱仪及附件电源、气源和总电源等。

11.2.2　气相色谱-质谱联用仪使用注意事项

(1) 使用环境

保持联用仪工作环境温度在 5～35 ℃，相对湿度小于 80%，保持环境清洁干净。每次使用时应保持室温、相对湿度恒定。

(2) 仪器密闭性

气质联用仪是一个气体运行的系统，因而仪器的密封性相当重要。

① 换柱：毛细管柱进入质谱腔中的长度应适当，太长或太短都不行，严格按照要求进行操作。

② 垫圈应松紧合适，太松会有漏气的隐患，太紧则会压碎垫圈，每次更换色谱柱时需要更换新的密封垫圈。

③ 清洗离子源时打开腔体后要注意其密封性。

(3) 色谱柱的使用与保存

① 色谱柱使用时应注意说明书中标明的最低和最高温度不能超过色谱柱的使用温度上限，否则会造成固定液流失，还可造成对检测器的污染。要设定最高允许使用温度，如遇人为或不明原因的突然升温，GC 会自动停止升温以保护色谱柱。O_2、无机酸碱都会对色谱柱固定液造成损伤，应杜绝这几类物质进入色谱柱。

② 色谱柱拆下后通常将色谱柱的两端插在不用的进样垫上，如果只是暂时拆下数日则可放于干燥器中。

③ 色谱柱的安装：色谱柱的安装应按照说明书操作，切割时应用专用的陶瓷切片，切割面要平整。不同规格的毛细管柱选用不同大小的石墨垫圈，注意接进样口一端和接质谱端所用的石墨垫圈是不同的，不要混用。进入进样口一端的毛细管长度要根据所使用的衬管而定，仪器公司提供了专门的比对工具，同样进入质谱端的毛细管长度也需要用仪器公司提供的专门工具比对。柱接头螺帽不要上得太紧，否则会压碎石墨圈反而容易造成漏气，一般用手拧紧后再用扳手紧四分之一圈即可。接质谱前先开机将柱末端插入盛有有机溶剂的小烧杯，看是否有气泡逸出且流速与设定值相当。严禁无载气通过时高温烘烤色谱柱，以免造成固定液被氧化流失而损坏色谱柱。

(4) 离子源和预杆的清洗

清洗前先准备好相关的工具及试剂，然后打开机箱，小心地拔开与离子源连接的电缆，拧松螺丝，取下离子源。取预杆之前先取下主四极杆，竖放在无尘纸上，再取下预杆待洗。注意整个操作过程既要小心谨慎又要避免灰尘进入腔体。将离子源各组件分离，在离子源的所有组件中灯丝、线路板和黑色陶瓷圈是不能清洗的。而离子盒及其支架、三个透镜、不锈钢加热块以及预杆需要用氧化铝擦洗。将 600 目的氧化铝粉用甘油或去离子水调成糊状，用棉签蘸着擦洗，重点擦洗上述组件的内表面，即离子的通道。氧化铝擦洗完毕后，用水冲净然后分别用去离子水、甲醇、丙酮浸泡，超声清洗，待干后组合离子源，先安装预杆、四极杆，最后小心装回离子源，盖好机箱，清洗完毕。

（5）仪器稳定后开始测试

仪器每次开机要稳定 8 h，至少要达到 4 h 后才可以开始测试样品。

11.2.3 气相色谱-质谱联用仪的维护与保养

① 每天进行仪器的漏气检查，每周进行一次调谐。

② 根据检测的需要及时更换隔垫、O 型圈和衬管，更换完后将【消耗品】计数器重置归零，否则隔垫超过 100 次、衬管超过 500 次在每次进样时会出现错误提示。

③ 自动进样器的进样针每隔一定时间（一周）需取下用甲醇、丙酮清洗。

④ 隔一定时间或调谐电压过高时（一般调谐电压达到 1.1~1.2 kV），需清洗离子源。

⑤ 注意观察泵油的油位，当低于最低位时，需更换泵油。使用频率较高，一般使用 3~4 个月更换，同时检查机械泵是否漏油，1 年彻底检修 1 次。

11.2.4 液相色谱-质谱联用仪的使用方法

以 Agilent 1260-6460 液相色谱-三重串联四极杆质谱仪为例说明其使用方法。

（1）仪器组成与开机调谐

本液质联用仪（LC-MS）主要由 Agilent 1200 系列液相色谱系统、质谱分析系统和仪器控制系统组成。液相色谱系统包括泵、脱气机、自动进样设备、柱温箱；质谱分析系统包括气源（高纯氮气）、真空泵、离子源、四极杆质量分析器。

1）开机

① 打开载气钢瓶控制阀，设置分压阀压力为 0.56~0.69 MPa。

② 准备 LC 流动相和泵柱塞冲洗溶剂，检查管线连接状态，确认真空泵和喷雾室的废气排到实验室外部。

③ 打开计算机，并依次打开 LC 各模块电源及 MS 电源，等待各模块自检完成（各模块右上角指示灯为黄色或者无色，质谱有"嘟"的一声）。

④ 双击桌面【Data Acquisition】图标，启动【MassHunter】软件。

2）调谐

开始抽真空之后至少等 4 h 或更长时间才能进行调谐或操作 LC/MSD。建议每周进行一次检验调谐，当检验调谐失败时，应该进行一次自动调谐。

① 单击 MSD 调谐，进入仪器调谐。

② 选择调谐文件，一般选择 ATUNES. TUN。

③ 自动调谐：双极性调谐会先做正离子模式调谐，再做负离子模式调谐，第一次调谐必须是双极性调谐。自动调谐一般在检验调谐失败后做，也可以每个月一次或在做完仪器维护后进行。

④ 检验调谐：检验调谐可以每天进行（不关机情况下，每周 1 次即可），检查峰宽、质量轴和调谐离子丰度是否达标。如果失败，工作站会提示对失败的项目重新校正。如果校正调谐仍然失败则需要做自动调谐。

⑤ 保存调谐文件，指定文件名和路径，将调谐文件保存到 ATUNES. TUN 中。

⑥ 最后点击方法和运行控制，返回到仪器控制界面。

（2）编辑实验方法

① 点击桌面【Data Acquisition】图标，启动【MassHunter】软件；工作站界面分为仪器状态界面、实时绘图界面、方法编辑界面和工作列表界面。

② 在方法编辑界面设定 HPLC 条件：自动进样器参数、泵参数、柱温箱参数、检测器参数。

③ 在方法编辑界面设定 MS QQQ 条件：选择调谐文件，设置扫描段 Scan Segment，在 MRM 扫描段表中，设定母离子、子离子以及每个四极杆的分辨率（unit、wide 和 widest），设置 QQQ 仪器的电离源参数（ESI、APCI）。

④ 保存方法文件。

⑤ 运行单个样品：分别于样品栏中输入样品描述、瓶号以及数据文件名等；点击工具栏【Start Sample Run】图标开始采样。

⑥ 运行多个样品

a. 添加一个样品：从工作列表菜单选择【Add Sample】并输入以下样品信息：样品名称、样品位置、方法、数据文件名称、样品类型、注射体积等。

b. 添加多于一个的样品：从工作列表菜单选择【Add Multiple Sample】。在【Sample Position】表格，选择被分析样品的位置；在【Sample Information】中设定运行信息、方法路径以及数据文件储存路径。

c. 保存工作列表并开始运行。

（3）数据分析

分别点击桌面上【Agilent Masshunter Qualitative Analysis】和【Agilent

Masshunter Quantitative Analysis】图标，进入数据分析系统，选择各种处理方式对所得到的数据进行定性和定量分析。

（4）关机

确认前级泵的气镇阀（Gas Blast Valve）处于关闭状态；分别关闭液相泵、柱温箱和检测器；点击【MS QQQ】图标，选择放空【Vent】，等待仪器涡轮泵停转，且前后四极杆温度均低于 50 ℃后关闭 MS QQQ 电源开关；关闭 LC 1200 各模块电源开关，关闭【MassHunter】软件，关闭计算机、碰撞气和液氮罐开关阀。

11.2.5 液相色谱-质谱联用仪使用注意事项

（1）电源管理

液相色谱-质谱联用仪使用电压稳定、接地良好的 220 V 交流电。当有停电通知时，应提前至少半小时，按照正确步骤关机（液相色谱-质谱联用仪最好配电源，以防紧急停电）。遇有任何形式的突然断电、插头脱落和开关的误操作，均严禁在仪器的真空系统未完全停止惯性转动之前重新启动仪器；应在仪器完全停转，并确认电源能够稳定供应时，重新启动仪器。

（2）气体管理

液相色谱-质谱联用仪使用液氮罐作为干燥气和喷雾气来源，正常供气时，罐内气体压力应保持在 10 atm 左右，分压阀出口压力为 6 atm；质谱仪使用高纯氮钢瓶作为碰撞气来源，分压阀出口压力 0.07～0.2 atm，超过此限度有可能损坏仪器。

（3）溶剂管理

液相色谱-质谱联用仪所用溶剂均应保持洁净，严禁使用不挥发性盐、表面活性剂、螯合剂和无机酸作为流动相添加剂。如使用的水相中不含有 10% 以上的甲醇或乙腈，保存超过 3 日的应予以更换。

（4）离子源清洗

根据使用情况，应定期对离子源进行清洗。

11.2.6 液相色谱-质谱联用仪的维护与保养

① 液相色谱-质谱联用仪实验室应保持干净、整洁，不得有强振动设备。液-质联用仪应经常清洁、除尘。

② 液相色谱所用流动相、待分析样品，必须经 0.5 μm 或更小孔径滤膜过滤（试剂出厂前已经过滤者除外）。

③ 液相色谱使用缓冲液或盐类溶液后，必须用水冲洗系统 20 min 以上，再将系统保存于甲醇/水（70/30）中。

④ 质谱开机后，应保证气帘气体不间断供应（包括待机时间）。

⑤ 质谱开机后，应保持较长时间的接通状态，减少开关机次数，延长分子涡轮泵寿命。待机时，将仪器调节至【Standby】状态，关闭除气帘气以外的其余气体。

⑥ 每周对离子源进行清洁，保持良好状态。

⑦ 每半年更换机械泵机油，保持良好状态。

⑧ 使用过程中，如遇故障，使用人不得随意拆卸，应及时与保管人员联系，按有关规定进行维修。修理后应作好检修记录，大修后应书写维修报告，并归档保存。

11.3　典型实验

实验 11-1　质谱法测定阿司匹林药物分子量

一、实验目的

① 了解质谱仪的结构和使用方法。

② 掌握用质谱仪确定分子量的方法和原理。

③ 掌握质谱图分析方法。

二、实验原理

有机分子经过电子轰击电离产生离子，其中最重要的是分子离子、同位素离子和碎片离子，它们的质荷比及相对强度可以提供有机物结构的多种信息。质谱仪根据碎片离子的质荷比和碎片离子的相对强度而得到质谱图。

分子离子是分子失去一个价电子后生成的正离子。分子离子是质谱图中最重要的离子。它的 m/z 等于化合物的分子量，因此，通过辨别和确定质谱图上的分子离子可测定化合物的分子量，它的相对强度表明分子的稳定性，由此可推断化合物的类型。在纯试样质谱中，判断分子离子峰应遵循以下几点：

① 对于比较稳定的化合物，分子离子峰为最高质量对应的峰；但对于稳定性较差的化合物，如大分子，强极性分子离子峰很弱，或不出现。

② 分子离子峰需符合"氮律"，即由 C、H、O 组成的有机物，分子离子峰一定是偶数，但由 C、H、O、N、P 和卤素组成的物质，若含奇数个 N，则分子

离子峰为奇数，若含偶数个 N，则分子离子峰为偶数。

③ 分子离子峰与相邻峰的质量差是否合理，如不合理则不是分子离子峰。

④ 分子结构与分子离子稳定性有关，碳原子数多、碳链长、有支链的分子分裂概率大，分子离子峰不稳定，而有 π 共轭体系的分子离子较稳定，分子离子峰强度大。其稳定性顺序一般为：芳香环＞共轭烯＞烯＞脂环＞羟基化合物＞链糖类＞醚＞酯＞胺＞酸＞醇＞支链烃。同系物中分子量越大，则分子离子峰相对强度越小。

三、仪器与试剂

仪器：安捷伦 G6430 三重四极杆质谱仪。

试剂：三氯甲烷（色谱纯）、待测阿司匹林药物。

四、实验步骤

1. 开启质谱仪

按仪器的操作步骤开启仪器的真空系统，等待仪器的真空度达到指定要求后，进行调谐。调谐结果合格后，方可进行分析。

2. 设定分析条件

① 电离方式：电子轰击电离源（EI）；

② 电离能量：70 eV；

③ 全离子扫描范围：40～400 u；

④ 离子源温度：250 ℃。

3. 设定数据采集参数

4. 进样准备

取 0.0005 g 待测试样溶于 10 μL 三氯甲烷中，备用。

5. 进样

待仪器状态达到设定参数要求后，进样扫描。

6. 监视测试过程

观察计算机显示屏幕上出现的实时信号，当总离子流色谱图上出现峰时监测实时的质谱。

五、数据处理及谱图解析

① 双击【脱机分析】图标，出现与实时分析相似的界面。直接点击打开【数据文件】，双击要选择的数据文件名称，右侧出现相应的 TIC（总离子流色谱图）。

② 显示组分的质谱图，在总离子流色谱图中组分峰 1，放大 TIC 并扣本底，屏幕显示扣除背景后的质谱图。

③ 对照试样结构，判别分子离子峰以确定分子量。

六、思考题

① 分子离子峰是什么？它在质谱解析中有何作用？
② 如何判别分子离子峰？

实验 11-2　气相色谱-质谱联用法测定白酒中邻苯二甲酸酯类化合物的含量

一、实验目的

① 了解气相色谱-质谱联用仪的基本构造和应用。
② 熟悉气相色谱-质谱联用仪的操作规程。
③ 掌握运用气相色谱-质谱联用仪进行定性定量分析的原理和方法。

二、实验原理

邻苯二甲酸酯（PAEs）又称酞酸酯，是邻苯二甲酸形成的酯的统称，是一种环境激素类内分泌干扰物，具有类雌激素的作用，通过干扰生物体内正常激素的分泌、代谢等造成机体内分泌、生殖系统紊乱甚至肝肾器官的损害。近年来，由于某些食品中被检出邻苯二甲酸酯类化合物，引起了社会对于塑化剂导致食品安全危机的强烈关注。

传统的中国白酒一般是由高粱、玉米、小麦、大麦、大米、糯米等粮谷类作物经发酵、蒸馏、储存、勾调而成，主要成分是乙醇。邻苯二甲酸酯是脂溶性化合物，可通过酿造白酒的粮食、塑料接酒桶、塑料输酒管、酒泵进出乳胶管、封酒缸塑料布等途径迁移进入白酒中。为把好产品质量关，控制塑化剂污染，厘清塑化剂污染源，保障食品安全，测定其迁移量至关重要。

本实验将白酒经提取后通过气相色谱-质谱联用技术测定白酒中邻苯二甲酸酯类化合物的含量，采用选择离子监测扫描模式（SIM），以保留时间和定性离子碎片丰度比定性，外标法定量，对白酒中邻苯二甲酸酯类化合物进行分析测定。

三、仪器与试剂

仪器：气相色谱-质谱联用仪、GC-MS Solution 工作站、NIST 谱库、微量注射器（1 μL）、涡旋振荡器、分析天平（精度 0.0001 g）、氮吹仪、超声波提取器、离心机。

试剂：标准品溶液，包括 16 种邻苯二甲酸酯类标准品［邻苯二甲酸二甲酯 (DMP)、邻苯二甲酸二乙酯 (DEP)、邻苯二甲酸二异丁酯 (DIBP)、邻苯二甲酸二正丁酯 (DBP)、邻苯二甲酸二(2-甲氧基)乙酯 (DMEP)、邻苯二甲酸二(4-甲基-2-戊基)酯 (BMPP)、邻苯二甲酸二(2-乙氧基)乙酯 (DEEP)、邻苯二甲酸二戊酯 (DPP)、邻苯二甲酸二己酯 (DHXP)、邻苯二甲酸丁基苄基酯 (BBP)、邻苯二甲酸二(2-丁氧基)乙酯 (DBEP)、邻苯二甲酸二环己酯 (DCHP)、邻苯二甲酸二(2-乙基)己酯 (DEHP)、邻苯二甲酸二正辛酯 (DNOP)、邻苯二甲酸二壬酯 (DNP)、邻苯二甲酸二苯酯 (DPhP)］；混合液体标准品 (1000 $\mu g \cdot m^{-1}$)；正己烷 (色谱纯)；白酒；超纯水。

四、实验条件

1. 气相色谱条件

① 色谱柱：DB-5 MS。

② 进样口温度：260 ℃。

③ 程序升温：初始柱温 60 ℃，保持 1 min；以 20 ℃·min^{-1} 升温至 220 ℃，保持 1 min；再以 5 ℃·min^{-1} 升温至 250 ℃，保持 1 min；再以 20 ℃·min^{-1} 升温至 290 ℃，保持 7.5 min。

④ 载气：高纯氦 (纯度＞99.999%)，流速：1.0 mL·min^{-1}。

⑤ 进样方式：不分流进样；

⑥ 进样量：1μL。

2. 质谱条件

① 电离方式：电子轰击电离源 (EI)；

② 电离能量：70 eV；

③ 接口温度：280 ℃；

④ 离子源温度：230 ℃；

⑤ 监测方式：选择离子监测 (SIM) (根据表 11-3-1 设定选择离子参数)；

⑥ 溶剂延迟：7 min。

表 11-3-1　16 种邻苯二甲酸酯类化合物定性和定量离子

邻苯二甲酸酯类化合物	定性离子	定量离子
邻苯二甲酸二甲酯(DMP)	163,77,194,133	163
邻苯二甲酸二乙酯(DEP)	149,177,105,222	149
邻苯二甲酸二异丁酯(DIBP)	149,223,104,167	149
邻苯二甲酸二正丁酯(DBP)	149,223,205,104	149

邻苯二甲酸酯类化合物	定性离子	定量离子
邻苯二甲酸二(2-甲氧基)乙酯(DMEP)	59,149,104,176	149
邻苯二甲酸二(4-甲基-2-戊基)酯(BMPP)	149,167,85,251	149
邻苯二甲酸二(2-乙氧基)乙酯(DEEP)	72,149,104,193	149
邻苯二甲酸二戊酯(DPP)	149,237,219,104	149
邻苯二甲酸二己酯(DHXP)	149,251,104,233	149
邻苯二甲酸丁基苄基酯(BBP)	149,91,206,104	149
邻苯二甲酸二(2-丁氧基)乙酯(DBEP)	149,101,85,193	149
邻苯二甲酸二环己酯(DCHP)	149,167,249,104	149
邻苯二甲酸二(2-乙基)己酯(DEHP)	149,167,279,113	149
邻苯二甲酸二苯酯(DPhP)	225,77,104,153	225
邻苯二甲酸二正辛酯(DNOP)	149,279,104,261	149
邻苯二甲酸二壬酯(DNP)	149,293,167,275	149

五、实验步骤

1. 标准工作曲线的配制

① 16 种邻苯二甲酸酯标准中间溶液（10 $\mu g \cdot mL^{-1}$）：准确移取邻苯二甲酸酯标准品（1000 $\mu g \cdot mL^{-1}$）1 mL 至 100 mL 容量瓶中，用正己烷准确定容至刻度。

② 16 种邻苯二甲酸酯标准系列工作液：准确吸取 16 种邻苯二甲酸酯标准中间溶液（10 $\mu g \cdot mL^{-1}$），用正己烷逐级稀释，配制成浓度为 0.00 $\mu g \cdot mL^{-1}$、0.02 $\mu g \cdot mL^{-1}$、0.05 $\mu g \cdot mL^{-1}$、0.10 $\mu g \cdot mL^{-1}$、0.20 $\mu g \cdot mL^{-1}$、0.50 $\mu g \cdot mL^{-1}$、1.00 $\mu g \cdot mL^{-1}$ 的标准系列溶液，临用时配制。

2. 试样处理

准确称取试样 m 约 1.0 g（精确至 0.0001 g）于 25 mL 具塞磨口离心管中，加入 2~5 mL 蒸馏水，涡旋混匀，再准确加入 10 mL 的正己烷，涡旋 1 min，剧烈振摇 1 min，超声提取 30 min，1000 $r \cdot min^{-1}$ 离心 5 min，取上清液，供 GC-MS 分析。

3. 操作步骤

① 打开气相色谱-质谱联用仪工作站，设置实验参数。

② 第一次采集为 Scan 方式创建 SIM，再次分析时可直接调用保存的 SIM 采集方式。

③ 将处理好的试样装进进样小瓶，标准品依次从低浓度到高浓度通过手动/

自动进样器直接进样，测得保留时间和峰面积（或峰高）。为了避免污染，标准曲线后样品前可插入空白。

④ 通过仪器离线处理建立标准曲线并对未知样品进行分析。也可以按照传统方法作出标准曲线，并在曲线上求出未知样品中某邻苯二甲酸酯的浓度。

4. 计算公式

$$X = \rho \frac{V}{m} \frac{1000}{1000}$$

式中，X 为试样中邻苯二甲酸酯的含量，$mg \cdot kg^{-1}$；ρ 为标准曲线中查出的试样溶液中邻苯二甲酸酯的质量浓度，$mg \cdot L^{-1}$；V 为试样定容体积，mL；m 为试样的质量，g。

六、实验结果

将实验数据记录于表 11-3-2。

表 11-3-2　实验数据记录表

序号	化合物名称	保留时间	质量浓度 $\rho/mg \cdot L^{-1}$	含量 $X/mg \cdot kg^{-1}$
1	邻苯二甲酸二甲酯（DMP）			
2	邻苯二甲酸二乙酯（DEP）			
3	邻苯二甲酸二异丁酯（DIBP）			
4	邻苯二甲酸二正丁酯（DBP）			
5	邻苯二甲酸二(2-甲氧基)乙酯（DMEP）			
6	邻苯二甲酸二(4-甲基-2-戊基)酯（BMPP）			
7	邻苯二甲酸二(2-乙氧基)乙酯（DEEP）			
8	邻苯二甲酸二戊酯（DPP）			
9	邻苯二甲酸二己酯（DHXP）			
10	邻苯二甲酸丁基苄基酯（BBP）			
11	邻苯二甲酸二(2-丁氧基)乙酯（DBEP）			
12	邻苯二甲酸二环己酯（DCHP）			
13	邻苯二甲酸二(2-乙基)己酯（DEHP）			
14	邻苯二甲酸二苯酯（DPhP）			
15	邻苯二甲酸二正辛酯（DNOP）			
16	邻苯二甲酸二壬酯（DNP）			

七、思考题

① GC-MS 定性和定量分析的依据是什么？

② GC-MS 为什么要设置溶剂延迟？延迟时间以什么为基准？

实验 11-3 高效液相色谱-质谱联用法测定萘和联苯混合物各组分的含量

一、实验目的

① 了解高效液相色谱-质谱联用仪的基本组成及各部件的主要功能。
② 熟悉高效液相色谱-质谱联用仪的操作规程。
③ 学会应用色谱图和质谱图进行定性分析。

二、实验原理

液相色谱主要是将混合物通过柱子进行分离，根据各组分在柱子上的亲疏水性、离子性等特性在流动相（溶液）与固定相（柱子填料）之间发生竞争作用，从而实现分离。当色谱柱采用非极性固定相（如十八烷基键合相），流动相采用极性溶剂（如水、甲醇、乙腈等）时，混合试样中极性较大的试样先流出，称为反相色谱法。这种方法特别适合分离同系物，特别是苯同系物等。根据各组分保留时间的不同可以进行定性分析。分离后的化合物进入质谱部分进行离子化和质谱分析。

液质联用的原理是将液相色谱和质谱有机地结合在一起，液相色谱将溶液中的混合物分离出单一的成分，而质谱法是利用带电粒子在磁场或电场中的运动规律，按其 m/z 实现分离，进而测定离子质量及强度分布。它可以给出分子量、元素组成、分子式和结构信息。通过对某一保留时间对应质谱数据的分析，可进一步对定性鉴别加以确证。

三、仪器与试剂

仪器：高效液相色谱-三重串联四极杆质谱仪、电喷雾离子源（ESI）、天平、移液枪、容量瓶。

试剂：联苯（分析纯）、萘（分析纯）、甲醇（色谱纯）、超纯水。

四、实验条件

1. 色谱条件

① 色谱柱：ZORBAX ODS（150 mm×4.6 mm，5 μm）或相当者。
② 流动相：甲醇：水＝88：12。
③ 进样量：10 μL。
④ 柱温：25 ℃。

⑤ 流速：$0.2 \text{ mL} \cdot \text{min}^{-1}$。

2. 质谱条件

① 电离方式：电喷雾电离（ESI），正离子。

② 离子喷雾电压：3.0 kV。

③ 雾化气：氮气，$2.815 \text{ kg} \cdot \text{cm}^{-2}$（40 psi，1 psi＝6894.757 Pa）。

④ 干燥气：氮气，流速 $10.0 \text{ L} \cdot \text{min}^{-1}$，温度 300 ℃。

⑤ 碰撞气：氮气。

⑥ 扫描模式：单级扫描，全扫描模式。

五、实验步骤

① 试样准备：准确称取萘 0.08 g，联苯 0.02 g，用色谱纯甲醇溶解，并转移至 50 mL 容量瓶中，用甲醇稀释至刻度，用移液枪吸取 1.5 mL 转移至标准试样瓶中，待测。

② 将上述实验条件的方法保存为液相色谱-质谱联机方法，并在样品表中调用该方法，设置好后进入液相色谱操作界面。待仪器稳定后，进行测试。

③ 实验结束后关闭仪器。

六、数据记录及处理

① 双击【脱机分析】图标，出现与实时分析相似的界面。直接点击打开【数据文件】，双击要选择的数据文件名称，右侧出现相应的 TIC（总离子流色谱图）。

② 显示组分的质谱图，在总离子流色谱图中组分峰 1，放大 TIC 并扣本底，屏幕显示扣除背景后的质谱图。

③ 标准质谱图谱库的计算机检索。

④ 打印组分的谱图和标准谱库检索结果。

⑤ 依次选择其他组分峰，重复步骤②～④。

⑥ 根据质谱图 m/z 确定两组分的顺序，将分析结果归纳汇总后填入表 11-3-3 中。

⑦ 解析每种化合物主要质谱碎片 m/z 的来源。

七、实验结果

数据记录于表 11-3-3。

表 11-3-3　实验数据记录表

化合物	保留时间	m/z
联苯		
萘		

八、注意事项

① 液相色谱和质谱之间的管路要连接紧密，防止漏液情况的发生，切勿用肥皂泡检查气路，包括质谱的气路在检查时一定要与质谱接口断开。

② 液质联用仪的流速不能过大，液质不能承载过大流速，使用电喷雾离子源（ESI）流速一般为 $0.1 \sim 0.3 \ mL \cdot min^{-1}$。

九、思考题

① 为什么液相色谱与质谱联机时不能用肥皂泡检查气路？

② 为什么电喷雾离子源（ESI）流速不能过大？

③ 解析甲苯和萘的主要质谱碎片 m/z。

实验 11-4　高效液相色谱-质谱联用法测定牛奶中三聚氰胺的含量

一、实验目的

① 了解液相色谱-质谱联用的工作原理。

② 掌握液相色谱-质谱联用仪的操作步骤和实验方法。

③ 了解液相色谱-质谱联用仪在食品分析领域的应用。

二、实验原理

三聚氰胺（$C_3H_6N_6$），化学名：1,3,5-三嗪-2,4,6-三胺，是一种三嗪类含氮杂环有机化合物，被用作化工原料。三聚氰胺常被不法商人掺杂进食品或饲料中，以提升食品或饲料检测中的蛋白质含量，因此也被作假的人称为"蛋白精"。在食品检测中，由于蛋白质不太容易检测，而蛋白质是含氮的，所以在检测蛋白质时经常采用测氮的方法，然后推算出其中的蛋白质含量。而添加过三聚氰胺的乳制品就很难检测出来。婴幼儿食用了添加三聚氰胺的乳制品后会出现恶心、呕吐，严重的有排尿障碍、尿潴留，甚至死亡。2011 年，我国卫生部明确规定三聚氰胺不是食品原料，也不是食品添加剂，禁止人为添加。婴儿配方食品中三聚氰胺的限量值为 $1 \ mg \cdot kg^{-1}$，其他食品中三聚氰胺的限量值为 $2.5 \ mg \cdot kg^{-1}$。高于限量的食品一律不得销售。本实验通过高效液相色谱-质谱联用技术测定牛奶中的三聚氰胺。

试样用三氯乙酸溶液提取，经阳离子交换固相萃取柱净化后，用液相色谱-质谱法测定和确证，外标法定量。

三、仪器与试剂

仪器：高效液相色谱-三重串联四极杆质谱仪、电喷雾离子源（ESI）、离心机（转速不低于 4000 r·min^{-1}）、分析天平（精度 0.0001 g 和 0.01 g）、氮吹仪、超声波提取器、涡旋混合器、具塞塑料离心管（50 mL）、移液枪、萃取柱。

试剂：标准品［1,3,5-三嗪-2,4,6-三胺（三聚氰胺纯度大于 99.0%）］、氨化甲醇（分析纯）、三氯乙酸（色谱纯）、甲醇（色谱纯）、乙腈（色谱纯）、牛奶制品、超纯水。

四、实验条件

1. 色谱条件

① 色谱柱：强阳离子交换与反相 C$_{18}$ 混合填料，混合比例（1∶4）（150 mm× 2.0 mm，5 μm），或相当者。

② 流动相：10 mmol·L^{-1} 乙酸铵溶液与乙腈 1∶1 充分混合，用乙酸调节至 pH=3.0 后备用。

③ 进样量：10 μL。

④ 柱温：40 ℃。

⑤ 流速：0.2 mL·min^{-1}。

2. 质谱条件

① 电离方式：电喷雾电离，正离子。

② 离子喷雾电压：4 kV。

③ 雾化气：氮气，2.815 kg·cm^{-2}（40 psi）。

④ 干燥气：氮气，流速 10 L·min^{-1}，温度 350 ℃。

⑤ 碰撞气：氮气。

⑥ 分辨率：Q1（单位）、Q3（单位）。

⑦ 扫描模式：多反应监测（MRM），母离子 m/z 127，定量子离子 m/z 85，定性子离子 m/z 68。

⑧ 停留时间：0.3 s。

⑨ 裂解电压：100 V。

⑩ 碰撞能量：m/z 127＞85 为 20 V，m/z 127＞68 为 35 V。

五、实验步骤

1. 标准溶液的配制

（1）配制三聚氰胺标准储备溶液（1 mg·mL^{-1}）

称取 100 mg（精确到 0.1 mg）三聚氰胺标准品于 100 mL 容量瓶中，用 1∶1

甲醇水溶液溶解并定容至刻度，配制成浓度为 $1 \text{ mg} \cdot \text{mL}^{-1}$ 的标准储备液，于 4 ℃避光保存。

（2）标准曲线的配制

用流动相将三聚氰胺标准储备液逐级稀释得到浓度为 $0.8 \text{ } \mu\text{g} \cdot \text{mL}^{-1}$、$2 \text{ } \mu\text{g} \cdot \text{mL}^{-1}$、$20 \text{ } \mu\text{g} \cdot \text{mL}^{-1}$、$40 \text{ } \mu\text{g} \cdot \text{mL}^{-1}$、$80 \text{ } \mu\text{g} \cdot \text{mL}^{-1}$ 的标准工作液，浓度由低到高进样检测，以峰面积-浓度作图，得到标准曲线。

2. 样品前处理

（1）提取

称取 1 g（精确至 0.01 g）试样于 50 mL 具塞塑料离心管中，加入 8 mL 浓度为 1%的三氯乙酸溶液和 2 mL 乙腈，超声提取 10 min，再振荡提取 10 min，然后以不低于 $4000 \text{ r} \cdot \text{min}^{-1}$ 离心 10 min。上清液经三氯乙酸溶液润湿的滤纸过滤后，待净化。

（2）净化

将待净化液转移至固相萃取柱（阳离子交换固相萃取柱：混合型阳离子交换固相萃取柱，基质为苯磺酸化的聚苯乙烯-二乙烯基苯高聚物，填料质量为 60 mg，体积为 3 mL，或相当者。使用前依次用 3 mL 甲醇、5 mL 水活化），依次用 3 mL 水和 3 mL 甲醇洗涤，抽至近干后，用 6 mL 浓度为 5%的氨化甲醇溶液（准确量取 5 mL 氨水和 95 mL 甲醇，混匀后备用）洗脱。整个固相萃取过程流速不超过 $1 \text{ mL} \cdot \text{min}^{-1}$。洗脱液于 50 ℃下用氮气吹干，残留物（相当于 0.4 g 样品）用 1 mL 流动相定容，涡旋混合 1 min，过微孔滤膜后，供 LC-MS/MS 测定。

3. 试样溶液和标准溶液的测定

① 打开质谱控制软件，在【Source】界面设置雾化气压力、干燥气流速及干燥气温度，点击【Save as】，将该方法命名并保存。

② 将 1.5 mL 样品瓶放入自动进样器样品盘中，记住所放位置编号。在液-质联机软件中打开样品表（Sample Table），对样品表及进样方法进行编辑。

③ 将上述液相方法与质谱方法保存为 LC-MS 联机方法并在样品表中调用该方法，设置好后点击【Acquisition】，进入液相操作界面。

④ 待调谐通过仪器稳定后，点击【Start】，选择【Start Sequence】进行液质联机测试，对试样分别进行正离子、负离子模式检测各一次。

⑤ 实验结束后关闭色谱仪中的泵；谱状态选择【Stand by】，雾化气压力为 0 bar，干燥气流速为 $2 \text{ L} \cdot \text{min}^{-1}$，干燥气温度为 100 ℃。

六、数据处理

① 显示并打印试样的总离子流色谱图。

② 对照标准试样确定三聚氰胺的定性离子。

③ 确定定量离子峰并根据标准试样与待测试样峰面积的比值计算待测试样中三聚氰胺的含量。

④ 结果计算。

试样中三聚氰胺的含量由下式计算获得：

$$X = \frac{cV}{m}f$$

式中　X——试样中三聚氰胺的含量，$mg \cdot kg^{-1}$；

　　　c——样液中三聚氰胺的浓度（从标准曲线查出），$\mu g \cdot mL^{-1}$；

　　　V——样液最终定容体积，mL；

　　　m——试样的质量，g；

　　　f——稀释倍数。

七、实验结果

数据记录于表 11-3-4。

表 11-3-4　实验数据记录表

化合物	试样质量 m	定容体积 V	样液中三聚氰胺浓度 c	稀释倍数 f	含量 X /mg·kg^{-1}
三聚氰胺					

八、注意事项

① 按照操作规程进行开机，真空达到规定值后才可以进行仪器调谐。

② 试样处理后要保证溶液澄清，没有不溶物，样品上机前均要过滤膜。

九、思考题

① 观察比较正负离子模式下试样的质谱图哪个信号更强？试说明原因。

② 应用液相色谱-质谱联用仪分析食品等试样时，有哪些前处理方法？

参考文献

［1］ 胡坪，王氢．仪器分析［M］．5 版．北京：高等教育出版社，2019．

［2］ 蔺红桃，柳玉英，王平．仪器分析实验［M］．北京：化学工业出版社，2022．

［3］ 郑蔚虹，张乔，薛永国．生物仪器及使用［M］．北京：化学工业出版社，2019．

［4］ 杨万龙，李文友．仪器分析实验［M］．北京：科学出版社，2008．

［5］ 陈培榕，李景虹，邓勃．现代仪器分析实验与技术［M］．北京：清华大学出版社，2006．

［6］ 武汉大学化学与分子科学学院实验中心．仪器分析实验［M］．武汉：武汉大学出版社，2005．

［7］ 苏克曼，张济鑫．仪器分析实验［M］．2 版．北京：高等教育出版社，2005．

［8］ 胡坪．仪器分析实验［M］．3 版．北京：高等教育出版社，2016．

［9］ 苏明武．分析化学与仪器分析实验［M］．北京：科学出版社，2017．

［10］ 王伦，方宾，高峰．化学实验（中册）［M］．2 版．北京：高等教育出版社，2015．

［11］ 高秀蕊，孙春燕．仪器分析操作技术［M］．2 版．东营：中国石油大学出版社，2016．

［12］ 董坚，刘福建，邵林军．高分子仪器分析实验方法［M］．杭州：浙江大学出版社，2017．